《常用几何量计量标准考核细则》培训教材

苗 瑜 主编

U0234798

黄河水利出版社

·郑州·

内 容 提 要

为了保证几何量计量标准考核结论的一致性,统一几何量计量标准的考评原则,为政府计量行政部门实施几何量计量标准考核提供技术保证,我们编写了河南省地方计量技术规范 JJF(豫)1003—2011《常用几何量计量标准考核细则》。为了便于大家理解掌握几何量计量标准考核要求,又编写了《〈常用几何量计量标准考核细则〉培训教材》。

本书可以用于几何量计量标准技术负责人的培训,也可供计量标准考核、管理、维护和使用人员参考。

图书在版编目(CIP)数据

《常用几何量计量标准考核细则》培训教材/苗瑜主编.
郑州:黄河水利出版社,2013.12
ISBN 978 - 7 - 5509 - 0661 - 7

Ⅰ.①常⋯ Ⅱ.①苗⋯ Ⅲ.①几何量 - 计量 - 技术
规范 - 技术培训 - 教材 Ⅳ.①TB92 - 65

中国版本图书馆 CIP 数据核字(2013)第 306084 号

出 版 社:黄河水利出版社
　　　　地址:河南省郑州市顺河路黄委会综合楼 14 层　　　邮政编码:450003
发行单位:黄河水利出版社
　　　　发行部电话:0371-66026940、66020550、66028024、66022620(传真)
　　　　E-mail:hhslcbs@126.com
承印单位:河南地质彩色印刷厂
开本:787 mm×1 092 mm　1/16
印张:12
字数:280 千字　　　　　　　　　　　　印数:1—1 100
版次:2013 年 12 月第 1 版　　　　　　　　印次:2013 年 12 月第 1 次印刷
定价:40.00 元

《〈常用几何量计量标准考核细则〉培训教材》
编 委 会

前　言

JJF 1033—2008《计量标准考核规范》是面向全国各行业、各部门、各专业的通用计量标准考核规范,是计量标准考核的总原则和总要求。

几何量专业是"十大计量"中分类最细、项目最多的专业之一,由于每个计量标准涵盖的被检计量器具比较多,每一检定规程(规范)中所对应的检定项目又不相同,因而使用的计量标准器较多,计量标准考核差异也较大。首先是标准命名混乱,同一标准在不同地区或在同一地区不同机构命名不一样;其次在标准配置要求方面,不同考评员要求不尽相同;在考核结论上,同一标准给出的考核结论也千差万别等。鉴于几何量计量标准量大面广的特点,为规范几何量计量标准考核工作,保证考核结论的一致性,有效地指导河南省内申请计量标准建标单位进行几何量计量标准考核材料的准备,规范考评行为,提高河南省建立几何量计量标准的技术水平和管理能力,统一几何量计量标准的考评原则,根据河南省常用几何量计量标准建立的实际情况和多年的考核经验,结合 JJF 1033—2008《计量标准考核规范》的要求,我们编写了河南省地方计量技术规范 JJF(豫)1003—2011《常用几何量计量标准考核细则》(简称《细则》),细化了几何量计量标准的考核要求。《细则》与《计量标准考核规范》的管理要求和专业技术要求有机结合起来,为政府计量行政部门实施几何量计量标准考核提供了技术保证。

《细则》共分 11 部分。根据河南省各市、县计量检定机构和企事业单位建立的常用几何量计量标准的特点,对河南省常用几何量计量标准进行了划分,统一了常用几何量计量标准的名称和代码,收集了常用几何量计量检定规程与校准规范的名称和代号,明确了常用几何量计量标准的配置要求和溯源要求。根据常用几何量计量标准的计量特性考核及检定或校准结果的验证等特点,将计量标准考核分为三种情况处理:①实施统计控制的考核;②常规考核;③简化考核。并就计量标准的重复性试验、稳定性考核、测量不确定度评定、检定校准结果的验证要求进行了具体的细化,进一步明确了检定记录、检定证书和计量标准技术资料的整理、编制和填写要求。

《细则》关键在于第 10 部分:主要计量特性的考核及检定或校准结果的验证和第 11 部分:计量标准技术报告的编制要求。其内容覆盖了计量法律、法规和 JJF 1033—2008《计量标准考核规范》对计量标准的管理要求与技术要求,它既是计量行政部门规范计量标准考核的管理依据,也是考核组在考核过程中掌握尺度的技术与管理依据,更是被考核机构在接受考核时进行准备的参考依据,从而可避免因没有明细要求而造成的考核尺度不统一产生出不同的评判结论。

为做好《细则》的宣传贯彻和实施工作,受河南省质量技术监督局计量处的委托,我们编写了这本培训教材。全书共分六章,第一章介绍计量标准考核的术语;第二章介绍计量标准的命名原则及代码,对国家规范暂未命名的,河南省参照规范中的命名原则自行命名;第三章详细说明计量检定规程与校准规范的区别和执行原则;第四章介绍计量标准考核的准备工作,包括标准配置、量值溯源、人员要求、环境条件及设施、计量标准文件集的管理、测量能力的确认等;第五章阐述计量标准考核材料的准备,分别对计量标准考核申请书、计量标准技术报告、计量标准履历书的编写进行了详细的介绍,并以实例的形式说明;第六章介绍常用几何量计量标准考核中应坚持的原则及考评方法,引用实例说明了考核报告的填写。

由于编写时间仓促,编者水平有限,书中疏漏和错误之处在所难免,敬请指正。

编 者
2013 年 3 月

目　录

第一章　常用计量术语的理解

一、测量标准【JJF 1001—2011　8.1】

(一)定义

测量标准是指"具有确定的量值和相关联的测量不确定度,实现给定量定义的参照对象"。

例:

1. 具有标准测量不确定度为 3 μg 的 1 kg 质量测量标准;

2. 具有标准测量不确定度为 1 μΩ 的 100 Ω 测量标准电阻器;

3. 具有相对标准测量不确定度为 2×10^{-15} 的铯频率标准;

4. 量值为 7.072,其标准测量不确定度为 0.006 的氢标准电极;

5. 每种溶液具有测量不确定度的有证量值的一组人体血清中的可的松参考溶液;

6. 对 10 种不同蛋白质中每种的质量浓度提供具有测量不确定度的量值的有证标准物质。

注:

1. 在我国,测量标准按其用途分为计量基准和计量标准。

2. 给定量的定义可通过测量系统、实物量具或有证标准物质复现。

3. 测量标准经常作为参照对象用于为其他同类量确定量值及其测量不确定度。通过其他测量标准、测量仪器或测量系统对其进行校准,确立其计量溯源性。

4. 这里所用的"实现"是按一般意义说的。"实现"有三种方式:一是根据定义,物理实现测量单位,这是严格意义上的实现;二是基于物理现象建立可高度复现的测量标准,它不是根据定义实现的测量单位,所以称"复现",如使用稳频激光器建立米的测量标准,利用约瑟夫森效应建立伏特测量标准或利用霍尔效应建立欧姆测量标准;三是采用实物量具作为测量标准,如 1 kg 的质量测量标准。

5. 测量标准的标准测量不确定度是用该测量标准获得的测量结果的合成标准不确定度的一个分量。通常,该分量比合成标准不确定度的其他分量小。

6. 量值及其测量不确定度必须在测量标准使用的当时确定。

7. 几个同类量或不同类量可由一个装置实现,该装置通常也称测量标准。

8. 术语"测量标准"有时用于表示其他计量工具,例如"软件测量标准"(见 ISO 5436-2)。

(二)理解

(1)根据管理需要,我国将测量标准分为计量基准、计量标准和标准物质三类,故计量标准只是测量标准中的一部分,因此 JJF 1001—2011《通用计量术语及定义》所指的"计量标准"不包括"计量基准"。但规范中所说的"高一级的计量标准"可能指"计量标准",

也可能指"计量基准"。

（2）我国的计量标准,按其法律地位、使用和管辖范围不同,可以分为社会公用计量标准、部门计量标准和企事业单位计量标准。

（3）最高计量标准是指在给定地区或在给定组织内,通常具有最高计量学特性的测量标准,在该处所做的测量均从它导出。最高计量标准分为三类:最高社会公用计量标准、部门最高计量标准和企事业单位最高计量标准。最高计量标准的认定不能按照能否在本地区或本部门内进行量值溯源来判断,而应按照该计量标准在与其"计量学特性"相应的国家计量检定系统表中的位置是否最高来判断。

由于计量标准的计量学特性可能是一个组合单位,例如流量计量标准,如果它直接溯源到其他物理量单位,例如质量和时间等,则应该判定它属于最高计量标准。

（4）计量标准按照专业特点有不同形式,包括实物量具、测量仪器、参考（标准）物质或测量系统。

计量标准约定由计量标准器及配套设备组成。

二、国际测量标准【JJF 1001—2011　8.2】

（一）定义

国际测量标准是指"由国际协议签约方承认的并旨在世界范围使用的测量标准"。

例:

1. 国际千克原器;

2. 绒（毛）膜促性腺激素,世界卫生组织（WHO）第 4 国际标准 1999,75/589,650 每安瓿的国际单位;

3. VSMOW2（维也纳标准平均海水）由国际原子能机构（IAEA）为不同种稳定同位素物质的量比率测量而发布。

（二）理解

英文 international measurement standard 在我国称之为国际计量基准,它必须经国际协议承认,并且在国际范围内具有最高计量学特性,它是世界各国测量单位量值定值的最初依据,也是溯源的最终终点。

三、国家测量标准（简称国家标准）【JJF 1001—2011　8.3】

（一）定义

国家测量标准是指"经国家权威机构承认,在一个国家或经济体内作为同类量的其他测量标准定值依据的测量标准"。

注:在我国称计量基准或国家计量标准。

（二）理解

英文 national measurement standard 译为国家测量标准,该名词在我国通常称为国家计量基准或计量基准。"经国家权威机构承认"确定了国家计量基准的法制地位。《中华人民共和国计量法》（以下简称《计量法》）第五条规定:"国务院计量行政部门负责建立各种计量基准器具,作为统一全国量值的最高依据。"

国家计量基准是一个国家量值的源头,是经国家质检总局批准、作为统一全国量值的最高依据,全国的各级计量标准和工作计量器具的量值,都要溯源于计量基准。国家计量基准可以进行仲裁检定,所出具的数据,能够作为处理计量纠纷的依据并具有法律效力。

四、原级测量标准(简称原级标准)【JJF 1001—2011 8.4】

(一)定义

原级标准是指"使用原级参考测量程序或约定选用的一种人造物品建立的测量标准"。

例:

1.物质的量浓度的原级测量标准由将已知物质的量的化学成分溶解到已知体积的溶液中制备而成。

2.压力的原级测量标准基于对力和面积的分别测量。

3.同位素物质的量比率测量的原级测量标准通过混合已知物质的量的规定的同位素制备而成。

4.水的三相点瓶作为热力学温度的原级测量标准。

5.国际千克原器是一个约定选用的人造物品。

(二)理解

在我国,原级标准如果被国务院行政部门批准,并颁发"计量基准证书"后,就称为计量基准;而其他一些原级标准可能作为社会公用计量标准,或部门、企事业单位最高计量标准。

五、次级测量标准(简称次级标准)【JJF 1001—2011 8.5】

(一)定义

次级标准是指"通过用同类量的原级测量标准对其进行校准而建立的测量标准"。

注:

1.次级测量标准与原级测量标准之间的这种关系可通过直接校准得到,也可通过一个经原级测量标准校准过的媒介测量系统对次级测量标准赋予测量结果。

2.通过原级参考测量程序按比率给出其量值的测量标准是次级测量标准。

有时副基准、工作基准亦称次级标准。

(二)理解

次级标准的量值是通过与相同量的原级标准比对确定的,因此可能稍低于原级标准,但又高于日常使用的工作标准。

建立副基准的主要目的是保护基准,因为多次直接使用基准可能会损坏其原有的计量特性。此外,当有必要时,副基准可以代替基准。

建立工作基准的目的是有利于基准和副基准保持其原有的计量特性。它可以频繁地用于检定、校准计量标准或高准确度的工作计量器具。为了减少量值传递环节,次级标准即副基准与工作基准的建立并不是必须的,要从实际出发。

六、参考测量标准（简称参考标准）【JJF 1001—2011　8.6】

（一）定义

参考标准是指"在给定组织或给定地区内指定用于校准或检定同类量其他测量标准的测量标准"。

注：在我国，这类标准称为计量标准。

（二）理解

该定义给出参考标准存在的范围及其性质和作用。它与《计量法》中的最高计量标准相对应，《计量法》中阐明了最高计量标准的法律地位及其作用，并规定社会公用计量标准、部门和企事业单位的最高计量标准为强制检定的计量标准。

根据参考标准的定义、工作范围、技术特性和测量用途，在给定组织内——对应于部门、企事业单位内部，具有最高计量学特性——准确度等级最高，部门、企事业单位内所做的测量均从其导出——统一本单位内部量值，对于这类参考标准我们也称为"部门最高计量标准"、"企事业单位最高计量标准"。同样道理，在给定地区内建立的具有最高计量学特性的计量标准，统一本地区的量值，我们称之为最高社会公用计量标准。

部门、企事业单位根据需要，可以建立本单位使用的各类计量标准，其中最高计量标准必须经有关人民政府计量行政部门主持考核，合格后方可使用，社会公用计量标准，部门、企事业单位最高计量标准属于强制管理对象，必须接受政府计量行政部门的监督与管理。

七、工作测量标准（简称工作标准）【JJF 1001—2011　8.7】

（一）定义

工作标准是指"用于日常校准或检定测量仪器或测量系统的测量标准"。

注：工作测量标准通常用参考测量标准校准或检定。

（二）理解

该定义给出了工作标准的用途及对象。

在量值传递或溯源过程中，仅有最高等级的计量标准是远远不够的，为了保证计量单位的统一，量值的准确可靠，还需要建立其他等级的计量标准。与参考标准（最高计量标准）的定义相对应，这些计量标准的计量学特性相对低一些，也称为次级计量标准，次级计量标准处于量值传递的末端，用于日常检定/校准工作计量器具。工作标准通常用参考标准进行校准。国际法制计量组织的《国际法制计量术语汇编》（修订版，2009）以及国际标准化组织/国际电工委员会第 99 号指南（2007）"国际计量学词汇——基础通用的概念和相关术语"（VIM）中，对于"工作测量标准"简称"工作标准"的定义重新作了修订：用于日常校准或检定测量仪器或测量系统的测量标准。工作测量标准通常用参考测量标准校准或检定。修订后的工作标准定义更加贴近工作实际，根据测量标准的计量特性，工作标准按其不同的计量特性分等分级，这些工作标准通常溯源于参考标准即最高计量标准。

这里需要注意的是，我们日常所说的次级标准含义与术语第五条"次级标准"的含义不同。术语第五条"次级标准"所指的是副基准或工作基准，是对基准而言的；日常所说的次级标准通常是对某一区域的最高标准而言的。

按照我国计量法律法规的规定,计量标准可以分为最高等级计量标准和其他等级计量标准。最高计量标准又有三类:最高社会公用计量标准、部门最高计量标准和企事业单位最高计量标准;其他等级计量标准也有三类:其他等级社会公用计量标准、部门其他等级计量标准和企事业单位其他等级计量标准。

在给定地区或在给定组织内,其他等级计量标准的准确度等级要比同类的最高计量标准低,其他等级计量标准的量值一般可以溯源到相应的最高计量标准。例如:一个计量技术机构建立了二等量块标准装置为最高计量标准,该单位建立的相同测量范围的三等量块标准装置、四等量块标准装置就为该机构的其他等级计量标准。

对一个计量技术机构而言,如果一项计量标准的计量标准器需要外送到其他计量技术机构溯源,而不能由本机构溯源,一般将该项计量标准认为是最高计量标准;如果一项计量标准的计量标准器可以在本机构溯源,也不能就判断其为次级计量标准,还应当按照该计量标准在与其"计量学特性"相应的国家计量检定系统表中的位置来判断其是否为最高计量标准。例如:某单位以前没有流量类计量标准,现在新建立了一项流量计量标准,虽然它的量值可以溯源到本单位的质量和时间计量标准,但根据流量计量检定系统表,该项计量标准属于本单位流量领域准确度最高的计量标准。因此,应该判定它属于流量计量最高计量标准,而不是其他等级计量标准。

我们日常所说的次级标准实际上是指机构所建最高社会公用计量标准以外的其他等级的社会公用计量标准,或部门、企事业单位最高计量标准以外的其他等级的计量标准。

如:一技术机构建立了三等量块标准装置、四等量块标准装置,分别用来检定四等量块、五等量块。五等量块标准装置用来检定游标卡尺和千分尺。对于该机构而言,三等量块标准装置为该机构的最高计量标准,四等和五等量块标准装置为该机构的次级计量标准。

八、传递测量装置(简称传递装置)【JJF 1001—2011 8.9】

(一)定义
传递装置是指"在测量标准比对中用作媒介的装置"。

注:有时用测量标准作为传递装置。

(二)理解
它是在测量标准相互比较中,也即包括同级标准间的相互比对或上一级标准向下一级标准传递量值中作媒介的测量标准。传递装置应用非常广泛,在实施计量保证方案(MAP)中需要作为媒介的传递装置。研制高准确度、高稳定性的传递装置也是科学计量的重要任务。如在力值计量中,产生力值的是各种力标准机,而传递力值的是各种测力仪,它们在力值比对及力值量值传递中是必不可少的。如国际间大力值的比对,其媒介就是高准确度、高稳定性的力传感器,它就可称为传递装置。为了在国际间进行硬度值的比对,就要研制高稳定性、均匀性好的标准硬度块,把它作为媒介。这种标准硬度块就起到传递装置的作用。又如在放射性核素活度计量保证方案中,由主持实验室研制,发放量值可溯源到国家计量基准的标准源或标准活度计作为传递装置。为实施计量保证方案(MAP),能否研制出高稳定性、高准确度的传递装置是关键所在。

九、计量标准考核【JJF 1001—2011 9.45】

(一)定义

计量标准考核是指"由国家主管部门对计量标准测量能力的评定或利用该标准开展量值传递的资格的确认"。

(二)理解

计量标准考核的英文为 examination of a measurement standard,虽然英文中 measurement standard 可以译为测量标准,但此处的 examination of a measurement standard 约定指计量标准考核。

(1)计量标准考核是对其用于开展计量检定或校准,进行量值传递资格的计量认证,被考核的计量标准不仅要符合技术要求,还必须满足法制管理的有关要求。

根据《计量法》有关规定,社会公用计量标准,部门和企事业单位建立的最高等级的计量标准,必须经过质量技术监督部门考核合格,方能投入使用。这是保障全国量值准确一致的必要手段。

考核的目的是确认其是否具有开展量值传递的资格。考核的内容包括计量标准配备、环境条件、检定人员以及管理制度等方面。

计量标准考核是《计量法》赋予计量行政部门的一项重要工作,属于国家行政许可的管理范畴,也是开展计量法制监督的一项重要内容。

(2)一般所说的计量标准考核是指由质量技术监督部门主持的计量标准考核。各级部门最高计量标准、不同类型的企事业单位最高计量标准应向不同级别的质量技术监督部门申请考核。

部门计量标准在本部门内部开展非强制计量检定或校准,企事业单位计量标准在本单位内部开展非强制计量检定或校准。

对于部门、企事业单位内部次级计量标准,由部门、企事业单位自行管理。更多的时候,部门或企事业单位为了加强内部次级计量标准的监督管理,往往按照国家质量技术监督部门规定的《计量标准考核办法》,对次级计量标准进行考核。这种考核从严格的意义上讲,与政府计量行政部门对社会公用计量标准和部门、企事业单位的最高计量标准的考核有本质的区别,仅仅是沿用了考核的概念,是其内部的一种监管方式。

需要承担本部门、本企业、本单位内部计量器具的强制检定,或需要面向社会开展计量检定、强制检定、计量校准的计量标准(含次级标准),应当向相应的政府计量行政部门申请计量标准考核,办理计量授权。

(3)对于军事计量和国防计量,其计量标准的考核应该按照《中国人民解放军计量条例》和《国防科技工业计量监督管理暂行规定》进行,二者与《计量法》实施细则有着同等的法律地位。

十、计量标准的考评【JJF 1033—2008 3.3】

(一)定义

计量标准的考评是指"在计量标准考核过程中,计量标准考评员对计量标准测量能力的评价"。

（二）理解

计量标准的考评主要是进行技术评价，它通过书面审查资料、现场考评等方式来评价计量标准的测量能力，是计量标准考核过程中的一个重要环节。

计量标准考评由计量标准考评员实施，特殊情况下由计量标准考评员和有关技术专家组成考评组共同实施。

十一、计量标准的不确定度【JJF 1033—2008　3.4】

（一）定义

计量标准的不确定度是指"在检定或校准结果的测量不确定度中，由计量标准所引入的不确定度分量。它包括计量标准器及配套设备所引入的不确定度分量"。

注：如果计量标准中的计量标准器或配套设备所提供的标准量值通过检定方式进行溯源，则计量标准的不确定度可以由计量标准的最大允许误差通过 B 类评定得到。如果计量标准中的计量标准器或配套设备所提供的标准量值通过校准方式进行溯源，则计量标准的不确定度由校准证书得到。

（二）理解

从原则上说，不确定度这个参数是用来说明测量结果的，是与测量结果相联系的参数。它不是用来说明包括计量标准在内的测量仪器的，由于计量标准在测量结果中所引入的不确定度分量与计量标准的使用方式有关，因此它不是计量标准或测量仪器的固有参数。

计量标准的不确定度是指在检定或校准结果的测量不确定度中，由计量标准所引入的不确定度分量。它既包括由计量标准器所引入的不确定度分量，也包括由配套设备所引入的不确定度分量。

计量标准的不确定度与其溯源方式有关。

如：当量块做标准时，如果按等（按实际值）使用，由检定规程可查出相应的测量不确定度。100 mm 的四等量块，$U_p = 0.4$ μm，$p = 0.99$，按正态分布 $k = 2.58$，由计量标准所引入的不确定度分量 $u_c = U_p/k = 0.4$ μm/2.58 $= 0.16$ μm。

当量块按级使用时，100 mm（2 级）量块的最大示值误差为 ±1.2 μm，假定按均匀分布，$k = \sqrt{3}$，由计量标准所引入的不确定度分量 $u_c = U_p/k = 1.2$ μm/1.73 $= 0.7$ μm。

十二、计量标准的准确度等级【JJF 1033—2008　3.5】

（一）定义

计量标准的准确度等级是指"符合一定的计量要求，并使误差保持在规定极限以内的计量标准的等别或级别"。

（二）理解

准确度是一个定性的概念，通常用准确度等级来表示。

准确度"等别"和准确度"级别"是两个不同的概念，使用时应注意两者的区别。前者以计量标准所复现的标准量值的不确定度大小划分，对应于加修正值使用的情况；后者以计量标准的最大允许误差的大小划分,对应于不加修正值使用的情况。

计量标准的准确度等级通常按各专业的约定表示,一般用×等或×级表示。例如:量块标准装置的准确度等别为三等或四等、五等,角度块标准装置的准确度级别为0级或1级、2级。

十三、计量标准的最大允许误差【JJF 1033—2008 3.6】

(一)定义

计量标准的最大允许误差是指"对给定的计量标准,由规范、规程、仪器说明书等文件所给出的允许的误差极限值"。

(二)理解

要正确区分计量标准的示值误差和最大允许误差含义的差别。前者是计量标准的示值与对应的输入量约定真值之差,是计量标准所提供的标准量值实际存在的误差;而最大允许误差是由各种技术文件规定的示值误差的最大允许值,不是计量标准所提供的标准量值实际存在的误差。

最大允许误差用符号 MPE 表示,其数值一般应带"±"号。例如:可以写为"MPE ± 0.05 mm","MPE:±0.01 μm"等。

计量标准中的计量标准器和配套设备可以分别有各自的最大允许误差。

十四、计量标准的重复性【JJF 1033—2008 3.7】

(一)定义

计量标准的重复性是指"在相同测量条件下,重复测量同一被测量,计量标准提供相近示值的能力"。

注:

1.这些条件包括:

相同的测量程序;

相同的观测者;

在相同的条件下使用相同的计量标准;

在相同地点;

在短时间内重复测量。

2.重复性可以用示值的分散性定量地表示。

(二)理解

为得到计量标准的重复性,必须在相同的条件下进行测量,这些条件包括测量程序、人员、仪器、环境等方面。为保证在尽可能相同的条件下进行测量,必须在尽可能短的时间内完成重复性测量。

计量标准的重复性通常用单次测量结果 y_i 的实验标准差 $s(y_i)$ 来表示。被测对象的不稳定也会影响到重复性测量结果。在计量标准考核中,要求对一常规的被测对象进行测量,这样所得到的重复性测量结果可以用于大多数的检定或校准结果。当被测对象的稳定性较差,使得到的重复性测量结果大于常规时,应重新进行测量结果的不确定度评定。

计量标准的重复性通常是检定或校准结果的一个不确定度来源。

十五、计量标准的稳定性【JJF 1033—2008 3.8】

(一)定义

计量标准的稳定性是指"计量标准保持其计量特性随时间恒定的能力"。

注:

1. 若稳定性不是对时间而是对其他量而言,则应该明确说明。

2. 稳定性可以用几种方式定量表示,例如:

用计量特性变化某个规定的量所经过的时间;

用计量特性经规定的时间所发生的变化。

(二)理解

计量标准的稳定性通常用计量特性经规定的时间间隔所发生的变化来表示。

在计量标准考核中,计量标准的稳定性是指用该计量标准在规定的时间间隔内测量稳定的被测对象,所得到的测量结果的一致性。因此,在稳定性测量结果中包括了被测对象的漂移对测量结果的影响。为使该影响尽可能小,必须选择一量值稳定的核查标准作为测量对象。

进行稳定性考核的前提是,必须具备量值稳定的作为核查标准的测量对象,如果不存在合适的核查标准,是无法进行稳定性考核的。

新建计量标准一般应经过半年以上稳定性考核,证明其所复现的量值稳定可靠后,方能申请建立计量标准。已建计量标准应有历年的稳定性考核记录,以证明其计量特性持续稳定。

十六、计量标准的文件集【JJF 1033—2008 3.9】

(一)定义

计量标准的文件集是指"关于计量标准的选择、批准、使用和维护等方面文件的集合"。

(二)理解

每项计量标准应当建立一个文件集,文件集中应包括诸如计量标准考核证书等共18个方面的文件。申请考核单位应当对文件的完整性、真实性、正确性和有效性负责。文件集中的文件应及时更新,以确保其有效性。

第二章 几何量计量标准的命名及代码

一、常用几何量计量标准的项目分类

根据 JJF 1022—1991《计量标准命名规范》的规定和河南省建立几何量计量标准的特点,常用的几何量计量标准在《常用几何量计量标准考核细则》(以下简称《细则》)中大致分为量块、线纹、角度、平面度和直线度、表面粗糙度、量具、量仪、螺纹、测绘仪器等 9 个项目。在筹备建立计量标准或者申请计量标准考核与复查中,常用的几何量计量标准命名及其代码应按照《细则》中表 1 执行。

几何量计量器具包括种类较多,执行检定规程和校准规范也多,每一种计量器具或每一个检定规程建立一个计量标准太过烦琐,而且很多几何量计量器具虽然用途不同,结构各异,但工作原理相同,如游标卡尺和高度卡尺等游标类量具;有些工作原理各异,使用的标准器不同,但检测的参数相同,如超声波测厚仪、电涡流式覆层测厚仪等测厚类仪器;还有些仪器工作原理不同,结构各异,但检定所用标准器相同,如测长机、接触式干涉仪等光学类仪器。所以,根据被测对象计量性能的要求,一些具有相同工作原理,或相同检定参数,或使用主标准器相同的项目,可以归纳到相近计量标准类别中。依据这一原则,根据河南省的省、市、县三级计量检定工作实际情况,《细则》把几何量已建标准中常用标准项目归纳成 9 个项目 28 个计量标准装置(见表 2-1),基本覆盖了河南省已建几何量计量标准的 90%。

表 2-1 常用几何量计量标准项目名称与代码分类一览表

项目分类	序号	计量标准名称	计量标准代码	开展检定的典型计量器具
量块	1	三等量块标准装置	01313333	四等量块
	2	四等量块标准装置	01313344	五等量块
线纹	3	钢卷尺标准装置	01215500	钢卷尺、纤维卷尺、测绳
	4	线纹尺检定装置	01214500	钢直尺、套管尺、水准标尺
角度	5	1 级角度块标准装置	01516011	2 级角度块
	6	直角尺检定装置	01517100	直角尺、线纹直角尺
	7	方箱检定装置	01516800	方箱
	8	正弦尺检定装置	01517500	正弦规
	9	水平仪检定装置	01518800	框、条式水平仪
	10	合像水平仪检定装置	01515502	合像水平仪、电子水平仪
	11	水平尺检定装置	01215901	水平尺

项目分类	序号	计量标准名称	计量标准代码	开展检定的典型计量器具
平面度和直线度	12	平面平晶标准装置	01518200	平面平晶、平行平晶
	13	样板直尺检定装置	01517600	刀口形直尺
	14	平尺、平板检定装置	01518700	平板、平尺
表面粗糙度	15	表面粗糙度比较样块检定装置	01613300 - 1	表面粗糙度比较样块
量具	16	检定游标量具标准器组	01315300	通用卡尺、高度卡尺等
	17	检定测微量具标准器组	01315400	外径千分尺、千分尺
	18	检定指示量具标准器组	01315500	指示表
	19	角度规检定装置	01516200	万能角度尺
	20	环规检定装置	01313900	环规
	21	光滑极限量规检定装置	01910000 - 1	光滑极限量规
	22	检定其他量具标准器组	01910000 - 2	塞尺、半径样板、焊接检验尺、试验筛、螺纹样板
量仪	23	检定光学仪器标准器组	01913400	能够检定的光学仪器类、机械式量仪类、量具类
	24	电感比较仪检定装置	01316507	电感比较仪
螺纹	25	螺纹检定装置	01910000 - 3	圆柱螺纹量规
	26	三针检定装置	01314500	三针
测绘仪器	27	水准仪检定装置	01914800	水准仪
	28	经纬仪检定装置	01914900	经纬仪

二、计量标准的命名

为实现计量标准管理的科学性和计量信息管理的规范化,国家制订了 JJF 1022—1991《计量标准命名规范》。在《计量标准命名规范》中规定,计量标准的命名有两种基本类型:一种是用计量标准装置命名,另一种是用计量标准器(或标准器组)命名。这两种命名类型又都分为两类:一类是用标准器名称命名,另一类是用被检量具名称命名。

所建计量标准的名称应遵循 JJF 1022—1991《计量标准命名规范》的要求。计量标准命名及代码的具体要求如下。

(一)用计量标准装置命名

1.计量标准用主标准器名称或参数命名时为"×××标准装置"

计量标准用主标准器名称或参数命名时为"×××标准装置",主要用于:

（1）同一计量标准装置可开展多项检定项目。

（2）计量标准装置主标准器与被检计量器具名称一致。

在《细则》的表1中列出的28个计量标准装置中，以"×××标准装置"命名的有"量块标准装置"（三等、四等）、"角度块标准装置"、"钢卷尺标准装置"、"平面平晶标准装置"5个，这5个标准装置都是根据计量标准装置的命名原则中第1.2款的要求，即主标准器名称与被检计量器具名称相同命名的。以第1.1款原则命名的标准装置在《细则》中没有。另外，在常用几何量计量标准命名中以被测量参数命名的情况也比较少见。

2. 计量标准用被检计量器具名称或参数命名时为"×××检定装置"

计量标准用被检计量器具名称或参数命名时为"×××检定装置"，主要用于：

（1）同一被检计量器具的检定"参量"较多，需要多种标准器进行配套检定。

如"水平仪检定装置"、"线纹尺检定装置"等。

（2）主标准器名称与被检量具名称不一致。

如"环规检定装置"、"电感比较仪检定装置"、"角度规检定装置"、"样板直尺检定装置"等。

（3）主标准器等级不易划分，被检量具命名更能确切反映计量标准特性。

如"表面粗糙度比较样块检定装置"、"经纬仪检定装置"、"水准仪检定装置"等。

符合计量标准命名原则第2款的标准装置在《细则》中共有18个，即使用"×××检定装置"命名的。在几何量计量标准中大多数标准装置的名称属于以"×××检定装置"命名的，其中一个主要原因是长度检定使用的主标准器大多数为量块，从高准确度的电感测微仪、测长机，到作为工作量具使用的千分尺、游标卡尺，都以等级不同的量块作为主标准器进行检定，所以使用主标准器名称作为计量标准装置的名称，无法反映被测对象及计量标准装置特点。

（二）用计量标准器（或标准器组）命名

1. 计量标准以标准器名称命名时为"×××标准器（标准器组）"

计量标准以标准器名称命名时为"×××标准器（标准器组）"，主要用于：

（1）同一计量标准可检多种计量器具。

（2）计量标准仅由实物量具构成。

2. 计量标准以被检计量器具名称命名时为"检定×××标准器组"

计量标准以被检计量器具名称命名时为"检定×××标准器组"，主要用于：

检定同一项目，需要多种计量器具进行配套检定，以被检计量器具名称命名更能反映计量标准特性。

在《细则》中例举的28个计量标准装置中符合"计量标准器"命名原则第1条的没有，符合第2条，即以"被检计量器具"的名称作为命名标示的有5个，如"检定测微量具标准器组"、"检定光学仪器标准器组"等。原因是这些标准装置被检仪器较多，使用的标准器也很多，所以以被检计量器具名称命名更能反映计量标准特征。

（三）命名原则的优先顺序

计量标准命名原则的优先顺序见表2-2。

表 2-2　计量标准装置的命名优先顺序

优先顺序	标准装置名称
1	×××标准装置
2	×××检定装置
3	×××标准器组
4	检定×××标准器组

计量标准装置的命名原则优于计量标准器(或标准器组)命名原则。即能够使用"×××标准装置"时,不使用"×××检定装置";能使用"×××检定装置"时,不使用"×××标准器组";能使用"×××标准器组"时,不使用"检定×××标准器组"。

以"检定测微量具标准器组"为例选择标准装置的命名:

首先对照以"标准装置"命名的原则中的第 1 条,检定测微类量具所用主标准器是量块,量块只可以测量长度,无法检定多个项目,不符合命名原则中第 1 条的第 1.1 款;标准器与被检量具名称不同,不符合第 1.2 款,所以排除了使用"×××标准装置"名称的可能;对照第 2 条以"计量器具"或"参数"命名的原则,虽然被检量具名称与标准器名称不一致,符合第 2.2 款,但同一种测微类量具的检定参数不多,不符合第 2.1 款;主标准器等级划分明确,不符合第 2.3 款,所以无法使用"×××检定装置"命名的方式。

对照计量标准器(或标准器组)的命名原则中第 1 条,使用"×××标准器(标准器组)"命名似乎可行,因为计量标准仅由实物量具构成,符合第 1.2 款,但测微类量具所使用的量块是专用量块,检定其他计量器具时不适用,所以也无法使用此类命名原则。另一方面测微类量具种类较多,如外径千分尺、内径千分尺、杠杆千分尺、螺纹千分尺等,被测参数比较多,使用的标准器具种类也多,再加上需要的配套设备,如检定内径千分尺或外径千分尺校准量棒时除量块外,还需要测长机、接触式干涉仪等,所以只能使用"检定×××标准器组"的命名原则。

三、计量标准代码

JJF 1022—1991《计量标准命名规范》除对各计量标准装置规定了规范的名称外,对于每个计量标准还给定了相应的计量标准代码。所建计量标准选用《计量标准命名规范》中名称的同时,也将选用该计量标准的代码。

四、自行命名标准装置名称及代码

选择标准装置的名称时,首先根据 JJF 1022—1991《计量标准命名规范》中的命名原则分析所需命名标准装置的情况,选择《计量标准命名规范》中已有的标准装置名称。如规范中没有合适的名称,则根据规范中的命名原则自行命名。

《细则》中将河南省几何量已建标准中常用标准项目归纳成 9 个项目 28 个标准装置,标准装置名称有 24 个是《计量标准命名规范》中已有的名称,而"表面粗糙度比较样块检定装置"、"光滑极限量规检定装置"、"检定其他量具标准器组"和"螺纹检定装置",

《计量标准命名规范》中没有合适的计量标准名称。此类计量标准的命名及代码的编制将按照以下规定:

(1)首先确定该计量标准属于哪一类项目。如"表面粗糙度比较样块检定装置"属于表面粗糙度项目,《计量标准命名规范》中对于粗糙度项目分了 7 个标准装置,其中对于表面粗糙度比较样块只有"表面粗糙度样块标准装置"一个。按照 JJF 1022—1991 中的命名原则,用主标准器名称或参数命名时计量标准一般命名为"×××标准装置",而河南省建立的标准,表面粗糙度比较样块只是被检量具,标准器是电动轮廓仪,若用"电动轮廓仪标准装置"命名,则容易与"电动轮廓仪检定装置"混淆,所以我们依据"用计量标准装置命名"的第 2 条第 2.2 款,采用以被检计量器具名称作为命名标识,将检定标准粗糙度比较样块的标准装置命名为"表面粗糙度比较样块检定装置"。

(2)确定了计量标准的名称后,随后确定计量标准代码。代码选用与该计量标准相近的计量标准代码加后缀,即选用"表面粗糙度标准装置"的代码 01613300,然后在其后面加缀数字,该计量标准的代码为:01613300 – 1。

再比如"光滑极限量规检定装置",该标准在国家颁布的项目分类中属于量具类,是几何量中包含子项目较多的项目之一,它包括了塞尺、半径样板、光滑极限量规和试验筛等十几种量具。在《计量标准命名规范》中没有与之相接近的计量标准名称,只有"其他几何量参数计量标准器具"的计量标准名称。由于该量具检定所用主标准器名称与被检仪器名称不一致,根据《计量标准命名规范》,其名称以被检量具名称命名,为"光滑极限量规检定装置"。其标准代码采用"其他几何量参数计量标准器具"的代码加后缀,为 01910000 – 1。对于其他量具如塞尺、半径样板等量具,可以单独建立计量标准,也可采用"检定其他量具标准器组"的名称建立一个计量标准,其代码在 01910000 后面依次加后缀。

第三章　常用几何量的检定和校准

第一节　计量技术法规

计量技术法规包括国家计量检定系统表、计量检定规程和计量技术规范。它们是正确进行量值传递、量值溯源,确保计量基准、计量标准所测出的量值准确可靠,以及实施计量法制管理的重要手段和条件。

一、国家计量检定系统表

(一)国家计量检定系统表的作用

国家计量检定系统表是国家对量值传递的程序作出规定的法定性文件。它采用框图结合文字的形式,规定了国家计量基准的主要计量特性、从计量基准通过计量标准向工作计量器具进行量值传递的程序和方法、各级标准器复现或保存量值的不确定度以及工作计量器具的最大允许误差等。

制定国家计量检定系统表的目的在于把实际用于测量工作的计量器具的量值和国家基准所复现的单位量值联系起来,以保证工作计量器具应具备的准确性和溯源性。它所提供的检定途径应是科学的、合理的、经济的。

(二)国家计量检定系统表的编号

计量检定系统表只有国家计量检定系统表一种。它由国务院计量行政部门组织制定、修订,由建立计量基准的单位负责起草。一项国家计量基准基本上对应一个计量检定系统表。它反映了我国科学计量和法制计量的水平。

国家计量检定系统表用汉语拼音缩写 JJG 表示,顺序号为 2000 号以上,编号为 JJG $2\times\times\times-\times\times\times\times$。如:JJG 2001—1987 线纹计量器具检定系统表、JJG 2018—1989 表面粗糙度计量器具检定系统表、JJG 2056—1990 长度计量器具(量块部分)检定系统表等。

(三)国家计量检定系统表的应用

国家计量检定系统表也称为国家溯源等级图,它是将国家基准的量值逐级传递到工作计量器具,或从工作计量器具的量值逐级溯源到国家基准的一个比较链,以确保全国量值的准确可靠。它可以促进并保证我国建立的各项计量基准单位量值准确无误地进行传递,也是我国制定计量检定规程和计量校准规范的重要依据,是实施量值传递和溯源选用测量设备、测量方法的重要依据。国家计量检定系统表规定了从计量基准到计量标准直至工作计量器具的量值传递链及其测量不确定度或最大允许误差,可以确定各级计量器具计量性能,有利于选择测量用计量器具,确保测量的可靠性和合理性。例如:国家线纹计量器具检定系统表中规定,国家的线纹工作基准名称为激光干涉比长仪,测量范围是 $(0\sim1000)\,\mathrm{mm}$,最大允许误差 $\mathrm{MPE}:\pm(0.1+0.1L)\,\mu\mathrm{m}$;国家副基准为石英基准尺,测量范围是(0~1000)mm,最大允许误差 MPE：±(0.08+0.12L)μm；应用国家副基准直接测量法检定计量标准器具一等金属线纹尺,然后由一等线纹尺传递到二等,由二等传递到三等线纹尺,其测量范围是(0~1000)mm,最大允许误差 MPE：±(5+10L)μm,最后由三等金属线纹尺传递到工作计量器具钢直尺,其测量范围是(0~2000)mm,最大允许误差 MPE：±(0.1~0.35)mm。根据这些要求,制定三等金属线纹尺的检定规程和钢直尺的检定规程中计量技术要求时,就必须遵循系统表的要求,规程中对检定所用标准仪器的准确度要求必须与该系统表一致。

检定系统表还可以帮助地方和企业结合本地区、本企业的实际情况,按所选用的计量器具,确定需要配备的计量标准,在经济合理实用的原则下,建立本地区、本企业的量值传递、溯源体系。

绘制量值传递溯源图的技术依据也是与之相对应的国家检定系统表。量值溯源图分三级,向上要画出计量标准的量值溯源,即画出上级的计量标准的名称、测量范围和准确度等级；向下要画出下一级计量器具的名称、测量范围与准确度等级。量值传递溯源图的所有信息必须与国家检定系统表一致,但它不是检定系统表。

几何量专业常用的国家检定系统表见表3-1。

表3-1　几何量专业常用的国家检定系统表

序号	代号	名称
1	JJG 2001—1987	线纹计量器具检定系统表
2	JJG 2002—1987	圆锥量规锥度计量器具检定系统表
3	JJG 2018—1989	表面粗糙度计量器具检定系统表
4	JJG 2019—1989	平面度计量器具检定系统表
5	JJG 2056—1990	长度计量器具(量块部分)检定系统表
6	JJG 2057—2006	平面角计量器具检定系统表

二、计量检定规程

(一)计量检定规程的作用

计量检定规程是评定计量器具特性,规定检定项目、检定条件、检定方法、检定结果的处理、检定周期及使用中检验的要求,判定计量器具合格与否的计量技术法规。《计量法》第十条规定："计量检定必须执行计量检定规程。国家计量检定规程由国务院计量行政部门制定。没有国家计量检定规程的,由国务院有关主管部门和省、自治区、直辖市人们政府计量行政部门分别制定部门计量检定规程和地方计量检定规程,并向国务院计量行政部门备案。"这就确立了计量检定规程的法律地位。

检定规程主要的作用在于统一测量方法,确保计量器具的准确一致,使全国的量值都能在一定的允差范围内溯源到国家基准。

(二)计量检定规程的分类及编号

根据《计量法》第十条,计量检定规程分为三类：国家计量检定规程、部门计量检定规程和地方计量检定规程。

（1）国家计量检定规程由国务院计量行政部门组织制定。专业分类一般为：长度、力学（包括质量、容量、密度、压力、真空、流量、测力、硬度、振动、转速）、声学、温度、电磁、无线电、时间频率、电离辐射、化学、光学、气象、医用、汽车专用等 16 个专业。

国务院有关部门可以根据《中华人民共和国依法管理的计量器具目录》和《中华人民共和国强制检定的工作计量器具目录》，对尚没有国家计量检定规程的计量器具，制定适用于本部门的部门计量检定规程。部门计量检定规程向国家质检总局备案后方可生效。在相关的国家计量检定规程颁布后，部门计量检定规程即行废止。

国家计量检定规程用汉语拼音缩写 JJG 表示，编号为 JJG ×××—××××。例如：JJG 1—1999 钢直尺检定规程，表示国家质检总局在 1999 年批准实施的顺序号为 1 的国家检定规程。在若干年后该规程需要修定时，将年号改为修定时的年号，而顺序号是该规程的唯一编号，自确定后永远不变。

（2）省级质量技术监督部门可以根据《中华人民共和国依法管理的计量器具目录》和《中华人民共和国强制检定的工作计量器具目录》，对尚没有国家计量检定规程的计量器具，制定适用于本地区的地方计量检定规程。地方计量检定规程向国家质检总局备案后方可生效。在相应的国家计量检定规程实施后，地方计量检定规程即行废止。

地方和部门计量检定规程编号为 JJG（）×××—××××，（）里用中文字，代表检定规程的批准单位和实施范围，××× 为顺序号，—×××× 为批准的年号。如 JJG（豫）11—2000 密玉量块地方检定规程，代表河南省质量技术监督局 2000 年批准的顺序号为 11 的地方计量检定规程，在河南省范围内施行。又如 JJG（轻工）110—1996 位差度指示器检定规程，代表轻工部 1996 年批准的顺序号为 110 的部门计量检定规程，在轻工部范围内施行。

（三）计量检定规程的应用

计量检定规程是执行检定的依据。检定必须按照检定规程进行。自 1998 年以来，国家计量检定规程的内容向国际建议靠拢，大部分检定规程除必须包括首次检定、后续检定的要求外，还增加了使用中检验的要求，因此从设计制造，一直到使用、修理，检定规程对保障计量器具的量值准确可靠及量值的溯源起着重要作用。

我国按《计量法》规定，对计量器具实施依法管理，采取两种形式。一是国家实施强制检定，主要适用于贸易结算、医疗卫生、安全防护、环境监测四个方面，并列入国家强制检定目录的工作计量器具以及社会公用计量标准器具和部门、企事业单位使用的最高计量标准器具；二是非强制检定，由企事业单位自行实施。由此可见，需要依法实施检定的范围是十分广泛的，凡实施检定的计量器具，必须依据相应的检定规程，将其作为实施检定具有法制性的技术依据。

在检定计量器具时，如有国家计量检定规程，必须执行国家计量检定规程，不允许执行其他行业或地方的检定规程；如没有国家计量检定规程，可以执行部门、行业或地方计量检定规程。

常用几何量计量检定规程名称和代码见表 3-2，使用时注意其是否是现行有效版本。

表 3-2　常用几何量计量检定规程的名称与代号一览表

序号	代号	名称	序号	代号	名称
1	JJG 146—2011	量块	27	JJG 70—2004	角度块
2	JJG(豫)11—2000	密玉量块	28	JJG 7—2004	直角尺
3	JJG 4—1999	钢卷尺	29	JJG 194—2007	方箱
4	JJG 1—1999	钢直尺	30	JJG 37—2005	正弦规
5	JJG 5—2001	纤维卷尺、测绳	31	JJG 103—2005	电子水平仪和合像水平仪
6	JJG 473—2009	套管尺	32	JJG 28—2000	平晶
7	JJG 8—1991	水准标尺	33	JJG 63—2007	刀口形直尺
8	JJG 30—2012	通用卡尺	34	JJG 117—2005	平板
9	JJG 31—2011	高度卡尺	35	JJG 35—2006	杠杆表
10	JJG 21—2008	千分尺	36	JJG 109—2004	百分表式卡规
11	JJG 22—2003	内径千分尺	37	JJG 379—2009	大量程百分表
12	JJG 24—2003	深度千分尺	38	JJG 33—2002	万能角度尺
13	JJG 82—2010	公法线类千分尺	39	JJG 894—1995	标准环规
14	JJG 26—2011	杠杆千分尺、杠杆卡规	40	JJG 62—2007	塞尺
15	JJG 427—2004	带表千分尺	41	JJG 58—2010	半径样板
16	JJG 25—2004	螺纹千分尺	42	JJG 704—2005	焊接检验尺
17	JJG 34—2008	指示表(指针式、数显式)	43	JJG 60—2012	螺纹样板
18	JJG 888—2012	圆柱螺纹量规	44	JJG 343—2012	光滑极限量规
19	JJG 56—2000	工具显微镜	45	JJG 201—2008	指示类量具检定仪
20	JJG 45—1999	光学计	46	JJG 300—2002	小角度检查仪
21	JJG 101—2004	接触式干涉仪	47	JJG 191—2002	水平仪检定器
22	JJG 202—2007	自准直仪	48	JJG 118—2010	扭簧式比较仪
23	JJG 571—2004	读数、测量显微镜	49	JJG 39—2004	机械式比较仪
24	JJG 97—2001	测角仪	50	JJG 396—2002	电感测微仪
25	JJG 467—1986	孔径测量仪(试行)	51	JJG 425—2003	水准仪
26	JJG 414—2011	光学经纬仪			

三、计量技术规范

(一)计量技术规范的分类

计量技术规范是指国家计量检定系统表、计量检定规程所不能包含的,在计量检定工作中具有综合性、基础性并涉及计量管理的技术文件和用于计量校准的技术规范。它不属于强制执行的法定性技术文件,但为科学技术发展、计量技术管理、实现量值溯源等提供了统一的指导性的规范和方法,是计量技术法规体系的组成部分。计量技术规范一般分为通用计量技术规范和专用计量技术规范两部分,通用计量技术规范由国务院计量行政部门组织制定。

1. 通用计量技术规范

通用计量技术规范包含以下内容:

(1)通用计量名词术语以及各个计量专业名词术语,如为了统一我国的通用计量术语及定义和各专业的计量术语,国家颁布了《通用计量术语及定义》及有关专业计量术语的技术规范;

(2)国家计量检定规程、国家计量检定系统表及国家校准规范的编写规则等管理规范,如《国家计量检定系统表编写规则》、《计量标准命名规范》、《计量标准考核规范》、《法定计量检定机构考核规范》等;

(3)计量保证方案、测量不确定度评定、测量仪器特性评定、测量仪器比对等技术规范,如《几何量测量设备校准中的不确定度评定指南》、《测量仪器特性评定》、《计量比对》、《计量器具检定周期确定原则和方法》等,还制定了计量保证方案(MAP)技术规范,如《长度(量块)计量保证方案技术规范》等。

2. 专用计量技术规范

专用计量技术规范是指各专业的计量校准规范,如几何量专业的计量校准规范《框式水平仪和条式水平仪校准规范》、《测长机校准规范》等。

(二)计量技术规范的编号

国家计量技术规范用汉语拼音缩写 JJF 表示,编号为 JJF ×××—××××。×××—×××× 为法规的顺序号—年份号,顺序号从 1001 开始。例如,《通用计量术语及定义》为 JJF 1001—2011、《水平尺校准规范》为 JJF 1085—2002。

(三)计量技术规范的应用

校准规范是校准计量器具时依据的技术文件,分为国家校准规范,部门、行业校准规范,根据工作需要,各企事业单位也可自行制定某些专用计量器具的校准规范。几何量常用的一些国家校准规范见表3-3,使用时注意其是否是现行有效版本。

表3-3 常用几何量计量校准规范的名称与代号一览表

序号	代号	名称
1	JJF 1084—2002	框式水平仪和条式水平仪校准规范
2	JJF 1085—2002	水平尺校准规范
3	JJF 1119—2004	电子水平尺校准规范
4	JJF 1097—2003	平尺校准规范
5	JJF 1099—2003	表面粗糙度比较样块校准规范
6	JJF 1072—2000	齿厚卡尺校准规范

序号	代号	名称
7	JJF 1091—2002	测量内尺寸千分尺校准规范
8	JJF 1132—2005	组合式角度尺校准规范
9	JJF 1088—2002	外径千分尺(测量范围 500～3 000 mm)校准规范
10	JJF 1102—2003	内径表校准规范
11	JJF 1175—2007	试验筛校准规范
12	JJF 1066—2000	测长机校准规范
13	JJF 1100—2003	平面等厚干涉仪校准规范
14	JJF 1093—2002	投影仪校准规范
15	JJF 1140—2006	直角尺检定仪校准规范
16	JJF 1189—2008	测长仪校准规范
17	JJF 1207 –2008	针规、三针校准规范

四、正确执行计量检定规程和校准规范

(一)正确执行计量检定规程

计量检定规程中规定的检定条件、检定设备要求、检定项目和检定方法是针对被检仪器的计量特性的。执行检定规程,必须严格执行检定规程的所有规定,保证检定结果的真实可靠。

计量检定是实施《计量法》的重要条件,是从事计量检定的法定依据。在检定中执行计量检定规程时应注意以下几个方面的问题:

(1)实验室的检定设置和环境条件不满足计量检定规程要求的,不能开展检定,更不能出具检定证书。

(2)由于首次检定、后续检定以及使用中检查目的不同,检定规程所规定的检定项目也有所不同,应严格按照被检计量器具的状况决定计量检定规定的项目。

(3)计量检定必须执行计量检定规程,凡没有以计量检定规程为依据的,均不能出具检定证书,只能根据测量情况出具相应的其他证书。

(4)部门计量检定规程在本部门范围内实施,地方计量检定规程在本地区范围内实施。部门内部的检定,以执行国家和部门规程为主;凡经各级计量行政管理部门授权对社会开展检定工作的检定项目,必须执行国家检定规程。

(5)检定规程中给出的检定周期是常规条件下的最长周期。根据实际情况可以缩短或延长,但必须有充分的理由,并提供所积累的检定数据,要经过一定的审批手续,不能随意更改。

(6)检定规程修订时,必须考虑到新旧规程执行时的过渡问题;新规程颁布实施后,旧规程应作废,检定工作必须按新规程执行。

(二)正确执行校准规范

正确执行校准规范可保证校准结果符合规范的要求,减小由于校准方法、使用标准器等方面的不一致造成的校准量值的差异。正确执行校准规范包括:了解被校仪器,选择计量标准及相关设备,按照规定的校准条件、程序进行校准测量。首先需要确定校准规范中适用于被校仪器的计量特性。评定的计量特性必须覆盖被校测量仪器的使用要求。

校准规范中,对各种不确定度因素的控制,不一定有详细规定。因此,各实验室应该根据实际情况,规定校准结果的目标不确定度,并根据目标不确定度配备校准设备和设施,控制各种不确定度因素的大小。

各校准实验室为贯彻校准规范,有时需要制定作业指导书,当校准规范中规定的校准程序还不够详细时,实验室可以对校准程序的细节,进行进一步的规定。

校准规范中给出的测量不确定度评定示例,有助于校准人员对校准结果进行不确定度分析,评定时也可作为参考。

(三)正确选择计量检定规程和校准规范

计量检定应选择与检定对象相对应的国家计量检定规程。有计量检定规程的,要优先选择使用计量检定规程;没有国家计量检定规程的,可采用部门或地方计量检定规程。

有国家计量校准规范时,应优先使用国家计量校准规范;没有国家计量校准规范可依据时,各检定单位可参照 JJF 1071—2010《国家计量校准规范编写规则》编写与被测对象相适应的校准规范。单位自行编写的校准规范应由本单位组织专家对规范进行审定,并报相应的计量管理部门备案。

如用户申请,对有计量检定规程的被检仪器也可进行校准,出具校准证书,只给出用户要求校准项目的校准数据,每个数据均应附有测量不确定度评定。

(四)方法的确认

当使用的检定规程和校准规范发生变化,或根据工作需要制定新的校准规范时,应及时组织对新技术规范进行确认。根据本单位情况,确认由项目负责人或技术负责人负责,也可组织一个技术机构审定。

(1)国家或地方发布的技术规范,要进行现行有效性和科学适用性的确认。对确认失效的文件要及时撤离测量现场,做出失效标记,销毁或存档。

(2)选用的技术规范发生变化(换版更新等)时,首先填写"计量检定规程或技术规范(更换)登记表"。将新旧版本进行对照,将规程的主要变化内容,特别是标准器、检定方法的变化填入表内。

(3)按照 JJF 1033—2008《计量标准考核规范》、JJF 1069—2012《法定计量检定机构考核规范》的要求,制定实施新版本规程(规范)的工作计划,确定开始执行新规程、规范的具体时间。检定、校准人员应按照工作计划做好各项实施新规程(规范)的准备工作,办理相应的变更手续。

(4)对照新的技术规范检查原来使用的标准器、配套设备、环境条件等硬件设施是否符合新版本的要求,如果不符,应提出需要改造、补充新设备的申请,尽快实施改造和购置。

(5)检查相关的原始记录格式,检定、校准操作的作业指导书和文件集等软件是否符合新版本的要求,按新要求修改原始记录格式,修订作业指导书,填写标准履历书,重新编写计量标准技术报告,分析测量结果的不确定度,给出新的校准测量能力。

(6)对人员进行新规程(规范)的宣传贯彻和实际操作的培训考核。

当硬件条件具备,软件达到要求,人员取得相应资格后,正式按新版本执行。

第二节　检定和校准的实施

计量工作的重心之一是保证全国计量量值的准确,进行量值传递、溯源的常用手段就是计量检定与校准的实施。规范检定与校准工作,是计量标准考核要达到的主要目的。计量标准考核是一种计量技术考核,是对申请建立计量标准单位开展计量检定和校准活动能力的考核与评价。

一、检定和校准的定义

(一)检定

检定是计量领域的一个专用术语,是对计量器具进行检定或计量检定的简称。JJF 1001—2011《通用计量术语及定义》第9.17款定义,检定是指"查明和确认计量器具符合法定要求的活动,它包括检查、加标记和/或出具检定证书"。也就是说,检定是为评定计量器具性能是否符合法定要求,确定其是否合格所进行的全部工作。检定具有法制性。

(二)校准

JJF 1001—2011《通用计量术语及定义》第4.10款定义,校准是在规定条件下的一组操作,其第一步是确定由测量标准提供的量值与相应示值之间的关系,第二步则是由此信息确定由示值获得测量结果的关系,这里测量标准提供的量值与相应示值都具有测量不确定度。

注:通常,只把上述定义中的第一步认为是校准。

二、检定与校准的区别

(一)检定与校准的目的不同

1. 检定的目的

检定的目的是对计量器具进行全面评定。这种全面评定属于量值统一的范畴,是自上而下的量值传递过程,主要是查明和确认计量器具是否符合有关的法定要求。对每一种计量器具的法定要求反映在相关的国家计量检定规程以及部门、地方计量检定规程中。通过检定,评定计量器具的示值误差、稳定性、灵敏度等计量特性是否符合规定。

2. 校准的目的

校准的目的是确定被校准对象的示值与对应的由计量标准所复现的量值之间的关系,给被测量的示值赋予校准值或给出修正值。对照计量标准,测出被校准计量器具的示值误差,确保量值准确,属于自下而上的量值溯源操作。除评定测量装置的示值误差和确定有关计量特性外,校准结果也可以表示为包含示值的具有不确定度的修正值或修正因子。

例如,某机械加工企业使用的游标卡尺,依据《通用卡尺》检定规程,必须检定其外观、各部分相互作用、测量面的平面度、刀口内量爪的尺寸偏差和平行度、示值误差等项目。检定其示值误差时,发现其中某一点的示值与计量标准相比较大出 0.03 mm,依据《通用卡尺》检定规程,该游标卡尺在这一受检点的 MPE 应为: ±0.02 mm,该游标卡尺的示值误差大于检定规程要求 0.01 mm,为不合格量具,只能出具检定结果通知书。

如对该尺进行校准,可将此数据进行修正,在校准标示和记录中标明受检点与该点的修正值。在使用这把游标卡尺进行实物测量过程中,测量值减去 0.03 mm 的修正值为实物测量的实际值。这样也能够达到量值溯源目的,明确了解计量器具的示值误差,即达到了校准的目的。

所以,在接收用户送检的计量器具时,必须首先清楚用户送检的目的。对于需进行检定的计量器具,完全执行检定规程,而对于校准计量器具,必须与用户沟通,明确要求校准哪些计量性能。

(二)检定与校准的对象不同

1. 检定的对象

检定的对象是法制管理范围内的计量器具,包括国家测量标准(计量基准)、工作测量标准(简称工作标准)和工作计量器具。计量器具可以是实物量具、测量仪器、标准物质,也可以是测量系统。

工作计量器具分为强制检定计量器具和非强制检定计量器具两种。《计量法》第九条明确规定:"县级以上人民政府计量行政部门对社会公用计量标准器具,部门和企事业单位使用的最高计量标准器具,以及用于贸易结算、安全防护、医疗卫生、环境监测方面的列入强制检定目录的工作计量器具,实行强制检定。未按规定申请检定或者检定不合格的,不得使用。"在《中华人民共和国强制检定的工作计量器具目录》中,已明确规定对于 60 种 117 类工作计量器具实施强制检定管理。被列入强制检定目录的计量器具,凡用于贸易结算、安全防护、医疗卫生、环境监测的,均实行强制检定,属于强制检定的范围。虽列入 60 种计量器具目录,但实际使用时不是用于贸易结算等四类领域的计量器具,不属于强制检定的范围。

例如,列入《中华人民共和国强制检定的工作计量器具目录》的钢卷尺,在木材等物资的贸易活动中作为计量交易的测量工具使用,属于强制检定的范畴。而在工程测量中只作为工作量具使用,就属于非强制检定范围。根据使用场合的要求,针对同一种计量器具,可以执行计量检定规程进行量值传递,也可以按校准实施量值溯源。

2. 校准的对象

校准的对象是属于强制性检定之外的非强制检定计量器具。我国非强制检定的计量器具,主要指在生产和服务提供过程中大量使用的计量器具,包括测量仪器或测量系统、实物量具或参考物质等,其中有计量标准器具和工作计量器具,组装进行特定测量的全套测量仪器和其他设备。

我国目前的量值溯源形式可分为两大类,一种是检定,一种是校准,现行的计量法律又规定计量检定分为强制检定和非强制检定两类。强制检定必须执行计量检定规程,强制检定管理范围以外的计量器具纳入非强制检定,凡是有计量检定规程的实施检定,有校准规范的实施校准。对于个别有计量检定规程,而用户要求出具校准证书的,也可以按照计量检定规程规定的测量方法,选择部分计量参数给予计量校准。

在企业计量管理实际工作中,为了尽可能实现管理效果和管理成本的高度统一,企业可以按照测量设备使用的位置、用途、法制要求、重要程度,按照突出重点、兼顾一般的原则,将众多设备分为A、B、C三类,采用不同的方法管理。A类设备是指实现定点定周期检定的强制检定计量器具和在生产经营的关键场合使用的检测设备,对于此类设备,一般都采用检定;B类设备在法制要求、准确度等级和使用的重要程度方面低于A类检测设备,但出具的测量数据对企业的生产、经营也存在着相当重要的影响,需要对其进行周期检定,此类测量设备可以检定也可以校准;C类测量设备在企业中数量较多,但基本上都是一些监视类仪表,准确度等级较低,此类设备企业可以根据生产特点、管理要求自己确定检定或者校准。

对于计量技术机构,测量设备的管理也可以进行分类。计量标准中的主要标准器应当向建立了该项计量标准,取得了计量标准考核证书、社会公用计量标准证书和法定计量检定机构授权证书等资质的法定计量检定机构或者具有该项计量标准考核证书、专项计量授权证书等资质的专项计量授权机构寻求溯源。主要配套设备应经检定合格或者校准。申请单位所建计量标准具备检定、校准能力的,可以自行检定、校准,否则应向具有资质的单位寻求溯源。对测量结果不确定度影响小或易于损耗的次要配套设备,则可以根据检定规程的要求进行检定或校准,经过首次检定合格的,在使用中只要功能正常,可以不进行周期检定。

例如钢卷尺检定装置中的砝码,规程中要求必备,但没有计量性能要求,所以新建计量标准时予以检定,以后可以不进行周期检定。

(三)检定与校准的依据不同

1. 检定的依据

检定工作的技术依据是按法定程序审批公布的计量检定规程。计量检定规程分为国家计量检定规程、部门计量检定规程和地方计量检定规程三种。选择技术依据时,首选应是国家计量检定规程,若无适当的国家计量检定规程,应选择部门计量检定规程或地方计量检定规程。使用部门或地方计量检定规程时应先进行方法确认。

《细则》中列举的28个计量标准装置中,主标准器和主要配套设备的检定均应执行国家计量检定规程。由于地域差异和部门的工作特点,地方计量检定规程和部门计量检定规程也有着各自的特色。例如新疆地区和北京地区由于科技水平与使用单位的不同,对于同一计量器具的计量特性要求存在差异;同是电能表,电力部门与一般计量部门要求的检定项目、计量特性和技术指标都不尽相同。引用这些部门和地方计量检定规程时,必须根据本单位的实际情况进行鉴别,对引用技术规范中的技术指标、检定项目、标准器和检定方法等方面进行适用性确认。

所采用的确认方法包括:

(1)使用计量标准或标准物质进行校准;

(2)实验室之间进行比对;

(3)对影响结果的因素做系统性的评审;

(4)根据对方法的理论原理和实践经验的科学理解,对所得结果不确定度进行评定。

由上述方法验证,确认符合要求的地方计量检定规程和部门计量检定规程,办理正式审批手续,经本单位的技术负责人签名批准,报上级计量行政管理部门备案后方可使用。

2. 校准的依据

校准应根据用户的要求选择适当的技术文件。首选是国家计量校准规范。如果需要进行的校准项目尚未制定国家计量校准规范,应依据已公开发布的,如国际的、地区的或国家的检定规程、标准或技术规范,也可采用由知名的技术组织、有关科学书籍或期刊公布的经确认的或设备制造商指定的校准方法,也可自己编制校准方法。自编校准方法应依据 JJF 1071—2010《国家计量校准规范编写规则》进行编写,按照国家编制计量检定规程或规范的要求准备"实验报告"、"编制说明"等技术文件,经有关专家审定后,经本单位的技术负责人签名批准,报上级计量行政管理部门备案后方可使用。

(四)检定与校准的内容不同

1. 检定的内容

检定的内容是计量检定规程中规定的计量检定项目,包括按照计量检定规程中规定的检定条件和检定方法对被检计量器具进行实验操作与数据处理。这种操作是依据国家计量检定系统表所规定的量值传递关系,将被检对象与计量基准、标准进行技术比较,最后按检定规程的计量性能要求(如准确度等级、最大允许误差、测量不确定度、影响量、稳定性等)和通用技术要求(如外观结构、防止作弊、操作的适应性和安全性以及强制性标记和说明性标记等)进行验证、检查后,给出计量器具合格与不合格的判定,对符合或不符合哪一准确度等级作出检定结论,结论为合格的出具检定证书或加盖合格印,不合格的出具检定结果通知书。

2. 校准的内容

校准的内容是按照合理的溯源途径和国家计量校准规范或其他经确认的校准技术文件所规定的校准条件、校准项目和校准方法,将被校对象与计量标准进行比较和数据处理。也可根据用户的要求,对计量器具的某个参数进行校准。校准所得结果可以是被测量示值的校准值,如给实物量具赋值,也可以给出示值的修正值,如实物量具标称值的修正值,或给出仪器的校准曲线或修正曲线。这些校准结果的数据应清楚明确地表达在校准证书或校准报告中。报告校准值或修正值时,应同时报告它们的测量不确定度。校准不对计量器具做合格与否的整体评价,用户根据校准报告中给出的校准结果自己评定是否满足使用要求。

例如对框式水平仪的校准,依据 JJF 1084—2002《框式水平仪和条式水平仪校准规范》,当水平仪的任意分度值误差超过规范规定的分度值的 20%,且误差值呈线性时,可对分度值重新标定,并在校准证书中给出新的分度值和其不确定度评定。用户根据自己工作的需要对新分度值进行确认,看其是否可以满足需要,并对框式水平仪是否可用作出评价。

【案例】 某计量技术机构的检定人员检定了一批强制性检定的计量器具。监督人员在查看他的原始记录时发现,检定规程规定的 8 个检定项目,只做了 5 项。监督人员问检定员为什么少做 3 项。检定员说最近工作很忙,如果按检定规程做 8 项要花很多时间,就只做主要的 5 项,其余 3 项不重要,这次就不做了。

实例分析:《计量法》第十条规定,"计量检定必须执行计量检定规程"。检定的目的是查明和确认计量器具是否符合法定要求,对每一种计量器具的法定要求反映在相关的国家计量检定规程以及部门、地方计量检定规程中。特别是强制检定的对象都是担负公正、公平和诚信的社会责任,关系人民健康、安全的计量器具。《计量检定人员管理办法》第十五条规定了计量检定人员应当履行下列义务,其中第一款就规定了"依照有关规定和计量检定规程开展计量检定活动,恪守职业道德",执行计量检定规程是计量检定人员应尽的基本义务。强制检定必须执行计量检定规程,对每一个计量器具的每一项法定要求都必须检定,不能随意省略和减少。监督人员应要求检定人员将所有漏检的项目全部进行补做。检定人员要提高对强制检定意义的认识,加强执行检定规程的意识和自觉性。

这批计量器具如果不是用于强制检定,而是用户要求进行校准,则可以按照用户的要求只进行部分项目的校准,但每个校准数据必须附有不确定度的评定。

(五)检定与校准的周期不同

1. 检定的周期

检定的周期应完全按照检定规程的要求,只可根据计量器具使用的情况不同适当缩短,但决不可超过检定规程规定的周期。例如游标卡尺,在机械加工现场使用时,一般检定周期为三个月至半年,而用于产品检验时,检定周期可依据检定规程规定不超过一年。

2. 校准的周期

校准的周期应不超过国家计量校准规范中的建议间隔;如果国家计量校准规范或者其他技术规范没有明确规定复校时间间隔,而校准机构给出了复校时间间隔,应当按照校准机构给出的复校时间间隔定期校准;校准机构没有给出复校时间间隔时,申请考核单位应当按照 JJF 1139—2005《计量器具检定周期确定原则和方法》的要求制定合理的复校时间间隔并定期校准。

(六)检定与校准实施单位不同

(1)实施计量检定的单位,必须是经过政府计量行政管理部门考核合格,具有计量标准考核证书的法定计量技术机构、法定计量授权机构和企事业检定机构。这些单位根据计量标准证书中规定的可开展的检定项目和检定范围进行检定。对于强制检定的计量器具,必须按照国家的规定,由法定计量检定机构或者授权的计量检定机构执行。承担强制检定任务的计量检定机构,应就所承担的任务制定周期检定计划,按计划通知使用者,安排接收使用者送来的计量器具或到现场进行检定。强制检定工作必须在政府规定的期限内完成。

(2)实施校准的单位可以是经过政府计量行政管理部门考核合格,具有计量标准考核证书的法定计量技术机构、法定计量授权机构和企事业检定机构。自己单位的自校必须在无法进行检定或校准的情况下才进行,并有自编的、在计量管理部门备过案的校准方法。

(七)检定与校准法律效力不同

(1)检定的结论具有法律效力,可作为计量器具或测量装置检定的法定依据的检定合格证书属于具有法律效力的技术文件。

(2)校准的结论不具备法律效力,给出的校准证书只是表明量值误差,纯属技术文件。

三、计量检定的分类

(一)按照管理环节分类

1. 首次检定

首次检定是对未曾检定过的计量器具进行的检定。其目的是确定新生产或新购置的没有使用过的计量器具,是否符合法定要求,符合法定要求的才能投入使用。

2. 后续检定

后续检定是计量器具在首次检定后的一种检定,包括强制周期检定和修理后检定等。后续检定的对象有:

(1)已经过首次检定,使用一段时间后,已达到规定的检定有效期的计量器具;

(2)由于故障经修理后的计量器具;

(3)虽然在检定有效期内,但用户认为有必要重新检定的计量器具;

(4)原封印由于某种原因失效的计量器具。

后续检定比首次检定更强调器具在经过使用后的整体性能(误差),着重于随时会发生变化或超差的计量性能。因为种种原因,如元件的老化、磨损、尘埃、污染、温度、湿度、振动、电磁场等影响,器具的性能可能会下降。由于目的的不同,两者的检定项目可能不同,但其要求是一致的。如果不能满足,就应采取重新调整、修理等措施。若重新安装及修理后可能对器具的计量性能有重大影响,原则上还应按首次检定的要求进行。

周期检定:是根据规程规定的周期和程序,对测量器具定期进行的一种后续检定,它是后续检定的一种重要形式。计量器具经过一段时间使用,由于其本身性能的不稳定、使用中的磨损等原因,可能会偏离法定要求,从而造成测量的不准确。为了保证使用中的计量器具的准确性,必须对它们进行有效期管理,这种按固定的时间间隔周期进行的后续检定,可以保证使用中的计量器具持续地满足法定要求。周期检定的时间间隔在计量检定规程中已经明确。检定规程中给出的检定周期是常规条件下的最长周期。对于强制性检定的计量器具,按周期进行检定是强制检定计量器具所必须遵循的法制性要求,任何企业和个人都应遵守。在技术无法保证,或可靠性要求非常高的特殊领域,检定周期应适当缩短。对于非强制性计量器具,根据实际情况可以缩短或延长周期,但必须有充分的理由,并提供所积累的检定数据,要经过一定的审批手续,不能随意更改。科学合理地确定计量器具的检定周期,是为了保证使用中的计量器具准确可靠,减少计量器具失准的风险。确定检定周期是执法的需要。

修理后检定:指使用中的经检定不合格的计量器具,经修理后,重新使用前所进行的一种后续检定。

周期检定有效期内的检定:指不论由顾客提出要求,还是由于某种原因,在检定周期的有效期内再次进行的一种后续检定。比如:计量管理部门按照计量监督管理的要求,也会下达对计量器具的监督检查,这种监督以检定的形式进行,就属于周期检定有效期内的检定。

进口检定:进口以销售为目的的列入《中华人民共和国依法管理的计量器具目录(型

式批准部分)》的计量器具,在海关验收后所进行的检定。

仲裁检定:用计量基准或社会公用计量标准所进行的以仲裁为目的的计量检定活动。这一类特殊的检定是为处理计量器具准确度引起的计量纠纷而进行的。

(二)按管理性质分类

(1)强制检定:对于列入强制管理范围的计量器具,由政府计量行政部门指定的法定计量检定机构或授权的计量技术机构实施的定点定期的检定。这类检定是政府强制实施的。强制检定的对象包括两类:一是计量标准器具,它们是社会公用计量标准器具,部门和企事业单位使用的最高计量标准器具;另一类是工作计量器具,它们是列入《中华人民共和国强制检定的工作计量器具目录》,并且必须在贸易结算、安全防护、医疗卫生、环境监测中实际使用的工作计量器具。

(2)非强制检定:在所有依法管理的计量器具中除强制检定的外,其余计量器具的检定都是非强制检定。这类检定不是政府强制实施的,而由使用者自己依法组织实施。

四、检定、校准的原始记录

原始记录是检定或者校准过程最真实的记录,是每一次检定或校准的最原始的信息,检定或校准结果和证书、报告都来自这些原始记录,检定工作的法律责任也体现在原始记录中。所以,要求原始记录必须保持原始性、正确性、真实性。原始性即工作记录是当场记录的,不能事后追记或补记,也不主张以重新抄过的记录代替原始记录;必须记录客观事实、直接观察到的现象、读取的数据,不得虚构记录、伪造数据。原始记录要有足够的信息量,包括各种影响测量结果不确定度的因素在内,以保证检定或校准实验能够在尽可能与原来接近的条件下复现。

(一)原始记录的信息

原始记录应该包含足够的信息,其中包括:

(1)被检仪器的信息,如计量器具的名称、型号规格、出厂编号、测量范围、制造厂、准确度等级或测量不确定度或最大允许误差;

(2)检定或者校准依据的计量技术法规,检定或者校准使用的计量标准器的信息,如名称、型号规格、出厂编号、检定或校准的证书号(有效期)、技术特性(准确度等级、量值的不确定度或最大允许误差、测量范围);

(3)检定或者校准时的环境条件(温度、湿度值)、检定或者校准地点;

(4)原始测量数据及测量结果的计算过程、检定结果的判定、校准结果数据对应的测量不确定度;

(5)检定或者校准日期、检定有效期或建议校准间隔;

(6)批准人、检定或者校准人员、核验员签名等。

(二)原始记录的要求

1. 格式

应为检定或校准活动分别设计适合的原始记录格式。原始记录的格式要满足检定规程或校准规范等技术文件的要求。根据测量结果所记录的信息不得事先印制在记录表格上,但可以把可能的结果列出来,采用打√的方式记录,如□合格　□不合格。原始记录不应记在白纸上,或只有通用格式的纸上。

2. 识别

每一种记录格式应有记录格式文件编号,同种记录的每一份上应有记录编号,同一份记录的每一页应有页码和页数标志,以免混淆。

3. 书写

原始记录要使用墨水笔填写,不得使用铅笔或其他字迹容易擦掉或变模糊的笔。书写应清晰明了,使用国家规定表述量的名称、单位、数字、符号及规范化汉字。术语要和相应的法律法规、规程、规范等技术文件中的术语一致。如有超出上述技术文件中的规定,应予以定义。记录的内容不得随意涂改,当发现记录错误时,可以划改,不得将错误的部分擦除或刮去,修改后应可看出原来记录的内容。可用一横杠将错误划掉,在旁边写上正确的内容,并由改动的人员在改动处签名,以示对改动负责。如果是使用计算机存储的记录,在需要改动时,也不能让错误的数据消失,而应该采取同等的措施进行修改。只有在仪器设备与计算机直接相连,测量数据直接输入计算机的情况下,才可以将计算机存储的数据作为原始记录。如果由人工将数据录入计算机,应以手记的记录为原始记录。

4. 签名

原始记录上应有各项检定、校准的执行人员和结果的核验人员的亲笔签名。测量结果直接输入计算机的原始记录,可以使用电子签名。

5. 保存管理

由于原始记录是证书、报告的信息来源,是证书、报告所承担法律责任的原始凭证,因此原始记录要保存一定的时间,以便有需要时供追溯。应规定原始记录的保存期,保存期的长短根据各类检定、校准的实际需要,由各单位自行规定。在保存期内的原始记录要安全妥善地存放,防止损坏、变质、丢失,要方便检索,为顾客保密,维护顾客的合法权益。超过保存期的原始记录,按管理规定办理相关手续后予以销毁。

五、检定证书和校准证书

(一)检定证书

按照 JJF 1001—2011《通用计量术语及定义》中的定义,检定证书是证明计量器具已经检定并符合相关法定要求的文件。检定证书是由检定机关签发、认可检定结果的最终书面文件,具有法律效用。它证明该计量器具可以销售和使用,在调节、仲裁、审理、判定计量纠纷时,可以作为合格的法定依据。

检定证书封面由国家计量行政部门统一规定,由各检定机构统一印刷,应符合国质检量函[2005]861号通知要求。封面应写明计量器具的名称、型号、准确度等级、制造厂、出厂编号、送检单位和检定合格的结论,应填写检定日期和有效期,有检定机构的名称、证书编号和检定印章,有批准人、核验员、检定员的签名。内页应给出所用检定设备的测量不确定度、最大允许误差或准确度等级、环境条件等信息,以及检定规程所要求的检定结果、各项计量特性值。检定证书内容表达结束,应有终结标志。

(二)不合格通知书(检定结果通知书)

JJF 1001—2011《通用计量术语及定义》中对不合格通知书的定义为,说明计量器具被发现不符合或不再符合相应法定要求的文件。检定结果通知书是声明计量器具不符合有关法定要求的文件。二者的定义基本相同。

不合格通知书(检定结果通知书)由检定机构签发,它同样是具有法律效力的证明文件。不合格通知书(检定结果通知书)的封面与检定证书相同,只是给出不合格的结论。其内页格式通常与检定证书相同,只是要对不合格项目进行具体说明或建议处理意见。一般在检定规程的附录中都有相关规定。

(三)校准证书

凡依据国家计量校准规范,或非强制检定计量器具依据计量检定规程的相关部分,或依据其他经确认的校准方法进行的校准,出具的证书称为校准证书。

校准证书一般包含的信息与检定证书大致相同,如证书编号、原始记录号、页号和总页数,发出证书单位的名称和地址、委托方的名称和地址,被校准计量器具的信息,批准人、核验员、校准员的签名,校准依据的校准方法文件的名称及编号等。不同于检定证书的是:

(1)如果是计量标准器具的溯源性校准,应按照计量校准规范的规定给出校准间隔。

(2)依据校准方法文件规定的校准项目,给出所得的校准结果数据及其测量不确定度。如果校准过程中对被校准对象进行了调整或修理,应注明经过调修,并尽可能给出调修前后的校准结果。

(3)对于被校准器具不作合格与否的结论。

(四)检定(校准)证书的审核和批准

计量检定(校准)证书是检定(校准)工作的结果,是计量检定机构的产品,是计量检定实验室人员素质、技术水平、检测能力的体现。检定(校准)证书实行检定(校准)员、核验员和批准人三级签字,对三级签字人员,《计量标准考核规范》中给予了明确规定。

《计量法》及其实施细则规定:执行强制检定和其他检定任务的人员必须经考核合格,取得计量检定证件,无计量检定证件的,不得从事计量检定工作。在《计量标准考核规范》中,对检定(校准)人员的资格和能力都提出了具体的要求,每项计量标准应当配备至少两名持有与开展检定或校准项目相一致的《计量检定员证》或者持有相应等级的《注册计量师资格证书》和质量技术监督部门颁发的相应项目的《注册计量师注册证》的检定或校准人员,承担检定和核验的人员应当是持证的计量检定人员。

对于计量标准负责人,《计量标准考核规范》中也首次提出了明确的要求。计量标准负责人不但要持有所负责检定项目的检定员证,而且应当熟悉计量标准的组成、结构、工作原理和主要计量特性,要对计量标准的日常使用管理、维护、量值溯源及文件集的更新等事宜负总责。计量标准负责人是集管理与检定工作于一体的岗位,对于一个计量标准装置能否正常工作,这个岗位是至关重要的。

检定证书的批准是由授权签字人实施的,是对检定证书的最终质量把关。经授权签字人签字后,检定证书才可以发出。鉴于授权签字人是检定证书所承担法律责任的主要责任人,因此应由具有较高的理论和技术水平、责任心强、对本专业技术负责的人员承担。授权签字人只能把关审核本人熟悉专业的授权范围内的检定项目,对检定证书的正确性、完整性负责。检定证书、检定结果通知书由检定人员签名出具,经核验人员核验签名,交检定证书的授权签字人作最后的审核,经审核无误,签名批准后发出。取得签字资格的授权签字人,最好能持有签字领域内检定(校准)项目的检定员证。检定(校准)证书中的主管人员应当是按照 JJF 1069—2012《法定计量检定机构考核规范》,经考核合格的授权签字人或者计量标准负责人。

第四章 常用几何量计量标准的考核准备

第一节 建立计量标准的准备工作

一、建立计量标准的策划

建立计量标准要从实际出发,科学决策,要引入市场经济观念,讲求效益,要了解所建立计量标准的客观需求,减少建立计量标准的盲目性。部门和企事业单位应当根据本单位的人力、资金、条件、管理水平及项目发展趋势,运用科学的方法进行建立计量标准的前期策划;质量技术监督部门建立社会公用计量标准,应当根据本行政区域内统一量值的需要,着重考虑社会效益,同时兼顾经济效益。

(一)策划时应该考虑的要素

(1)进行需求分析,分析建立计量标准对于国民经济和科技发展的重要与迫切程度,尤其分析被测量对象的测量范围、测量准确度和需要检定的工作量;

(2)需建立的基础设施与条件,如房屋面积、恒温条件及能源消耗等;

(3)建立计量标准应当购置的标准器、配套设备及其技术指标;

(4)是否具有或需要培养使用、维护及操作计量标准的技术人员;

(5)计量标准的考核、使用、维护及量值传递保证条件;

(6)建立计量标准的物质、经济、法律保障等基础条件。

(二)经济效益评估

计量标准的建立、考核、维护、使用、运行和管理一系列工作都离不开经济基础的支撑,是否建立计量标准应以实际需要来确定,同时兼顾及时、方便、实用、经济的原则,进行经济效益分析。

$$经济效益=检定或校准收益/检定或校准支出全部费用$$

检定或校准收益:计量标准年检定或校准工作量乘以国家规定的现行每台件收费标准。

检定或校准支出全部费用:固定资产投入、固定资产折旧费、标准设备购置费、设备折旧费、量值溯源保证费、低值易耗品年消耗费、能源消耗费、人员工资福利基金、管理费用等。

核定建立计量标准的收支费用,再进一步细算,可以把资金利用率、物价变动因素考虑进去。如果是企业建立计量标准有可能获得计量授权从而对社会开展计量检定或校准,也可以把增加收入部分估计进去,综合衡量,进行计量标准经济效益评估。

(三)社会效益评价

政府计量行政部门组织建立社会公用计量标准前,应当对行政辖区内的计量资源进行调查研究,摸底统计。树立科学发展观,根据当地国民经济建设发展的需要,统筹规划、合理组织建立社会公用计量标准体系。对社会计量资源进行科学调配,避免重复投资,最大限度地发挥现有的计量资源的作用。强化社会公用计量标准的建设,兼顾部门和企事业单位计量标准的发展,对需要建设的社会公用计量标准统一规划、统一部署、科学立项、认真实施。明确各级各类计量技术机构的发展战略定位与目标,完善量值传递技术体系,解决项目交叉、重复建设、投入分散、资源浪费的问题。增强法定计量技术机构的技术保障水平,提高对社会开展计量检定和校准的服务能力。

当社会公用计量标准不能覆盖或满足不了部门专业特点的需求时,国务院有关部门和省、自治区、直辖市有关部门可以根据本部门的特殊需要建立部门内部使用的计量标准。

企事业单位建立计量标准不宜追求"全、高、精、尖",企业建立计量标准是为了获得低成本,及时高效的专业计量服务,是否建立取决于企业产品质量和工艺流程对计量工作的依赖程度,凡是能够利用社会计量服务的尽量利用外来服务,降低计量检测成本。

河南省常用几何量专业计量标准的建立通常有下列情况:

(1)大型企业,拥有的几何量计量器具数量大,从经济效益和企业需要方面考虑,需要建立相应项目的计量标准;

(2)几何量计量器具数量虽然不多,但使用频繁,所测工件或产品对计量器具磨损度高,需要检定周期很短,而外送检定时间长,需要自行建立标准;

(3)机械加工行业,在线测量较多,人员使用计量器具方法不当或计量器具易损坏,返修率高,为方便工作需要建立标准;

(4)企业建立管理体系或认证工作需要,建立计量标准。

二、建立计量标准的技术准备

几何量计量标准的建立是一项技术性很强的工作,它要确定计量标准的计量性能和功能,完成计量标准器及配套设备和设施的配置,进行有效溯源,培训人员,还要进行重复性试验及稳定性考核,建立文件集等工作。

申请新建计量标准考核的单位,应当按 JJF 1033—2008"计量标准的考核要求"的规定进行准备,并按照如下七个方面的要求做好前期准备工作,这些准备工作是申请计量标准考核必要的前提条件:

(1)科学合理配置计量标准器及配套设备;

(2)计量标准器及主要配套设备进行有效溯源,并取得有效检定或校准证书;

(3)新建计量标准应当经过至少半年的试运行,在此期间考察计量标准的重复性及稳定性;

(4)申请考核单位应当完成计量标准考核(复查)申请书和计量标准技术报告的填写;

(5)环境条件及设施应当满足开展检定或校准工作的要求,并按要求对环境条件进行有效监测和控制;

(6)每个项目配备至少两名持证的检定或校准人员;

(7)建立计量标准的文件集。

计量标准的考核就是通过对计量标准器及配套设备、计量标准的主要计量特性、环境条件及设施、人员、文件集和计量标准测量能力的确认等6个方面共30项要求的考评,来判断计量标准合格与否。

第二节 常用几何量计量标准的配置要求

计量标准器及配套设备是保证实验室正常开展检定或校准工作,并取得准确可靠的测量数据的最重要的装备。常用几何量计量标准的配置要求包括总体要求和计量特性要求。

一、计量标准配置的总体要求

计量标准不仅包括硬件部分,也包括用于测量和数据处理的计算机及各种软件。

计量标准配套的基本原则是科学合理、完整齐全。科学合理是指应严格按照相应计量检定规程或技术规范的要求合理配置计量标准器及配套设备,把握合理的性价比,不能低配,也不要求高配,做到科学合理、经济实用。完整齐全是指既要配齐计量标准器,也要配齐主要配套设备,还要配齐开展检定或校准工作所需的各种配件和易耗品。

对计量标准配置的最终要求是满足开展检定或校准工作的需要。

二、计量标准器及主要配套设备的计量特性要求

计量标准器及主要配套设备的计量特性包括测量范围、不确定度或准确度等级或最大允许误差、重复性、稳定性、灵敏度、鉴别力、分辨力等。

计量标准器及主要配套设备的计量特性必须满足相应计量检定规程或技术规范的要求。

常用几何量计量标准主标准器的配置见《细则》表2。

【例4-1】 某机构拟建立"三等量块标准装置",开展四等83块组(0.5~100)mm、大8块(125~500)mm、20块组(5.12~100)mm量块的检定工作。所配备的计量标准如下。

1. 主标准器

三等83块组(0.5~100)mm、大8块(125~500)mm。

2. 配套设备

(1)样板直尺;

(2)平板;

(3)直角尺;

(4)塞尺;

(5)工具显微镜;

(6)千分尺;

(7)角度规,分度值2′;

(8)表面粗糙度比较样板、轮廓仪;

(9)干涉显微镜;

(10)直径不小于45 mm的平晶,平面度不超过0.1 μm;

(11)维氏(或其他)硬度计;

(12)接触式干涉仪、卧式光学计。

审核材料时发现缺少三等20块组(5.12～100)mm标准量块。该机构人员说用三等83块组量块进行组合后作标准检定四等20块组(5.12～100)mm量块。

该机构计量标准配备是否满足要求?

【例题分析】 该机构人员的说法错误。所配标准不符合计量检定规程的要求,不能满足预期工作的需要。用三等83块组量块进行组合作标准,其测量不确定度不能满足规程的要求,如要满足要求可用二等83块组量块进行组合,但经济成本较高。所以,应该配备与被检量块尺寸完全相同、准确度高一等的三等20块组(5.12～100)mm标准量块。

【例4-2】 某机构拟申请"检定测微量具标准器组",开展分度值0.01 mm、测量上限至500 mm的外径千分尺,测量上限至25 mm的板厚、壁厚千分尺,分辨力为0.001 mm、0.0001 mm,测量上限至500 mm的数显外径千分尺的检定。所配计量标准如下。

1.主标准器

20块组(5.12～100)mm标准量块,三等、四等、五等;

大8块(125～500)mm标准量块,三等、四等、五等;

10块组(2.12～15)mm标准量块,三等、四等、五等。

2.配套设备

分度值不大于0.2 N的专用测力仪,杠杆表(专用台架),塞尺,测偏移用外径千分尺专用检具,杠杆百分表或百分表,平板,工具显微镜或测量显微镜,2级平晶,刀口尺,4组平行平晶,检平行度钢球检具,检测微头示值误差的专用检具,立式接触式干涉仪,立、卧式光学计。

该机构的标准配备是否满足要求?

【例题分析】 (1)对测量上限至25 mm的板厚、壁厚千分尺的检定,按照检定规程要求,需要配备四等、五等20块组(5.12～100)mm标准量块,分度值不大于0.2 N的专用测力仪,杠杆表(专用台架),塞尺,测偏移用外径千分尺专用检具,杠杆百分表,平板,工具显微镜或测量显微镜,2级平晶,刀口尺,4组平行平晶,立式光学计。

(2)对分度值0.01 mm、测量上限至500 mm的外径千分尺的检定,按照检定规程要求,需要配备四等、五等20块组(5.12～100)mm标准量块、大8块(125～500)mm标准量块,分度值不大于0.2 N的专用测力仪,杠杆表(专用台架),塞尺,测偏移用外径千分尺专用检具,杠杆百分表或百分表,平板,工具显微镜或测量显微镜,2级平晶,刀口尺,4组平行平晶,检平行度钢球检具,检测微头示值误差的专用检具,立、卧(或测长机)式光学计。

(3)对分辨力0.001 mm、0.0001 mm,测量上限至500 mm的数显外径千分尺的检定,按照检定规程要求,需要配备三等、四等20块组(5.12～100)mm标准量块、大8块(125～500)mm标准量块,分度值不大于0.2 N的专用测力仪,杠杆表(专用台架),塞尺,测偏移用外径千分尺专用检具,杠杆百分表或百分表,平板,工具显微镜或测量显微镜,2

级平晶,刀口尺,4组平行平晶,检平行度钢球检具,检测微头示值误差的专用检具,立式接触式干涉仪,卧式光学计或测长机。

由此可见,在该标准配置时充分考虑了不同被测对象的计量要求,所以该标准的配置既符合计量检定规程的要求,又满足实际开展工作的需要。

申请建立计量标准的机构,应根据实际开展的检定项目,合理配备计量标准,并根据实际检测能力,对开展的计量器具种类、测量范围、准确度等级或最大允许误差等计量特性予以明确。

第三节 计量标准的量值溯源

计量标准的量值应当定期溯源至国家计量基准或社会公用计量标准,计量标准器及主要配套设备均应有连续、有效的检定或校准证书。

一、计量标准应当定期溯源

"定期溯源"的含义是指计量标准器及主要配套设备如果是通过检定溯源的,检定周期不得超过计量检定规程规定的周期;如果是通过校准溯源的,复校时间间隔不得超过国家计量校准规范的规定;如果国家计量校准规范或者其他技术规范没有明确规定复校时间间隔,当校准机构给出了复校时间间隔时,应当按照校准机构给出的复校时间间隔定期校准,当校准机构没有给出复校时间间隔时,申请考核单位应当按照 JJF 1139—2005《计量器具检定周期确定原则和方法》的要求制定合理的复校时间间隔并定期校准;当不可能采用计量检定或校准方式溯源时,则应当定期参加实验室之间的比对,以确保计量标准量值的可靠性和一致性。

二、计量标准应当有效溯源

"有效溯源"的含义如下:

(1)有效的溯源机构:计量标准器应当向经法定计量检定机构或质量技术监督部门授权的计量技术机构溯源;主要配套设备可以向具有相应测量能力的计量技术机构溯源。

(2)检定溯源要求:凡是有计量检定规程的计量标准器及主要配套设备,应当以检定方式溯源,不能以校准方式溯源。以检定方式溯源,检定项目必须齐全,检定周期不得超过计量检定规程的规定。

(3)校准溯源要求:没有计量检定规程的计量标准器及主要配套设备,应当依据国家计量校准规范进行校准;如无国家计量校准规范,可以依据有效的校准方法进行校准。校准的项目和主要技术指标应当满足其开展检定或校准工作的需要。

(4)采用比对的规定:只有当不能以检定或校准方式溯源时,才可以采用比对方式,确保计量标准量值的一致性。比对也应当定期进行。

三、计量标准应当连续溯源

连续溯源是指计量标准器及配套设备应当按照规定的溯源周期间隔,实施时间上不间断的溯源。溯源证明文件(检定/校准证书)在计量标准考核证书有效期内应当连续、有效。

四、有效溯源的实施

计量标准中的主要标准器应当向建立了该项计量标准,取得了计量标准考核证书、社会公用计量标准证书和法定计量检定机构授权证书等资质的法定计量检定机构,或者具有该项计量标准考核证书、专项计量授权证书等资质的专项计量授权机构寻求溯源。

配套设备应经检定合格或者校准。申请单位所建计量标准具备检定、校准能力的,可以自行检定、校准,否则应向具有资质的单位寻求溯源。

河南省内不能溯源的计量标准,应到河南省质量技术监督局备案后,送上一级或者省外具有资质(具有相应项目的测量能力和授权范围)的法定计量检定机构或经质量技术监督部门授权的计量技术机构进行定点、定期的溯源。

在常用的 28 项几何量计量标准中,除平面平晶标准装置、样板直尺检定装置、钢卷尺标准装置中的主标准器二等标准平晶、研磨面平尺、标准钢卷尺河南省不能传递,应送到中国计量科学研究院或中南国家计量测试中心溯源外,其余标准器均应送河南省计量科学研究院进行溯源。

送中国计量科学研究院或中南国家计量测试中心溯源的计量标准可不进行备案。

检定、校准结果应确认满足使用要求。

在计量标准考核证书有效期内,如果出现不连续溯源的现象,计量标准复查时,应按照新建计量标准进行考核,对重新考核合格的计量标准,有效期缩短为两年。

第四节　人员要求

一、计量标准负责人

每项计量标准都应指定计量标准负责人。计量标准负责人应符合以下条件:

(1)持有本项目的计量检定员证;

(2)从事相关专业计量技术工作 3 年以上。

计量标准负责人应具备以下能力:

(1)熟悉 JJF 1033—2008《计量标准考核规范》;

(2)能够撰写本项目的《计量标准技术报告》;

(3)掌握 JJF 1059.1—2012《测量不确定度评定与表示》和 JJF 1130—2005《几何量测量设备校准中的不确定度评定指南》,具备对所负责的计量标准项目进行测量不确定度评定的能力,能够承担或者组织计量标准测量重复性试验、稳定性考核,并对试验结果作出正确的判断,能够对检定或校准结果的测量不确定度进行验证。

二、检定或校准人员

每项计量标准应当配备至少两名与开展检定或校准项目相一致的,并符合下列条件之一的检定或校准人员：

　　（1）持有本项目的《计量检定员证》；

　　（2）持有相应等级的《注册计量师资格证书》和质量技术监督部门颁发的相应项目的《注册计量师注册证》。

三、注册计量师

　　注册计量师，是指经考核认定或考试取得相应级别注册计量师资格证书，并依法注册后，从事规定范围计量技术工作的专业技术人员。注册计量师应根据国家法律、法规的规定，开展相应专业的执业活动。

　　注册计量师的考核认定工作是一次性的，已经完成。从2011年开始，凡想取得注册计量师资格证书，都必须通过考试。注册计量师资格实行全国统一大纲、统一命题的考试制度。

　　注册计量师分为一级注册计量师和二级注册计量师。

　　取得《注册计量师资格证书》仅仅是取得了从业资格，用人单位可以根据单位工作的需要决定聘用和任职，但如果需要出具法律规定的证书，就必须取得质量技术监督部门颁发的《注册计量师注册证》。

　　注册证每一注册有效期为3年。在有效期限内，注册证是注册计量师的执业凭证，由注册计量师本人保管和使用。

　　注册有效期届满需继续执业的，按照规定的程序申请延续注册。

　　对已取得质量技术监督部门颁发的《计量检定员证》的计量检定员，申请注册计量师应当首先通过考核认定或者国家考试两种方式之一来取得相应级别《注册计量师资格证书》，再持有效《计量检定员证》申请相关项目的注册，不需要再进行项目考核。

第五节　环境条件及设施

　　环境条件及设施是保证检定或校准工作的正常进行，并确保检定或校准结果的有效性和准确性所必需的。

　　（1）常用几何量计量检定、校准环境条件（例如温度、湿度、洁净度、振动、照明等）应当满足计量检定规程或技术规范的要求。

　　（2）应当根据计量检定规程或技术规范的要求和实际工作需要，配置必要的设施（例如空调系统、除湿系统、防振动系统等）。

　　（3）若计量检定规程或技术规范有明确要求或实际检定或校准工作需要，应当配置必要的监控设备对温度、湿度等参数进行监测并记录。

　　（4）应当对检定或校准工作场所内互不相容的区域进行有效隔离，防止相互影响，比如对实验室恒温工作区和非恒温工作区进行隔离。对影响计量检定或校准工作安全和计量检定或校准结果的其他因素也应加以控制，并根据具体情况确定控制的范围。

　　当环境条件不能满足计量检定规程或校准规范的全部要求时，申请开展检定项目，应根据环境条件的实际满足能力，对计量器具种类、测量范围、准确度等级或最大允许误差等计量特性予以明确限制。

【例4-3】 在例4-2中,计量标准考评员现场考评时发现,检定室的温度为22℃,采用的是壁挂式空调控温,温控记录上填写的是20.5℃,检定员正在用立式光学计检定75 mm校对用的量杆。考评员问,校对量杆是数显千分尺用的还是外径千分尺用的? 检定员回答是数显千分尺用的。考评员又问,你用的量块是几等的? 检定员说是三等。考评员再问,你记录的温度与实际温度不一致是怎么回事? 检定员说那是开始检定时的温度,再说这空调温度总是在(20±2)℃之间变化,我只能等温度符合要求了赶快检定。请问这样做对吗?

【例题分析】 这样做是错误的。

(1)检定时环境条件不符合要求。按照规程要求,数显千分尺校对用量杆检定时室内温度对20℃的允许偏差为±1℃,而该检定室的温度是在(20±2)℃之间变化的,检定过程中温度处在变动状态,有可能超出要求范围,显然不符合要求。

(2)温控设施不符合要求。该空调温度变化超出了检定规程(20±1)℃的要求。

(3)所用测量仪器不符合要求。按照规程要求,通过对被检校对棒的测量不确定度的分析,用于数显千分尺75 mm校对棒检定时,立式光学计的准确度不能满足测量不确定度的要求,需要使用三等量块和接触式干涉仪进行比较测量。

第六节　计量标准文件集的管理要求

计量标准文件集是关于计量标准的选择、批准、使用和维护等方面文件的集合。为了满足计量标准的选择、使用、保存、考核及管理等的需要,应当建立计量标准文件集。文件集是原来计量标准档案的延伸,是国际上对于计量标准文件集合的总称。

一、文件集的管理

计量标准文件集中所列的各种文件应齐全,应制定文件分类管理办法,区分长期归档文件和现时有效文件,并实行分类管理,明确各类文件的保存期限,确保计量标准文件集的完整性、真实性、正确性。需要长期保存的文件至少包括计量标准技术报告、计量标准履历书等。其他文件至少保存计量标准考核的两个周期以上。

每项计量标准应当建立一个文件集;文件集应当包含以下18个文件:

(1)计量标准考核证书(如果适用);

(2)社会公用计量标准证书(如果适用);

(3)计量标准考核(复查)申请书;

(4)计量标准技术报告;

(5)计量标准的重复性试验记录;

(6)计量标准的稳定性考核记录;

(7)计量标准更换申报表(如果适用);

(8)计量标准封存(或撤销)申报表(如果适用);

(9)计量标准履历书;

(10)国家计量检定系统表(如果适用);

(11)计量检定规程或技术规范;

(12)计量标准操作程序;

(13)计量标准器及主要配套设备使用说明书(如果适用);

(14)计量标准器及主要配套设备的检定或校准证书;

(15)检定或校准人员的资格证明;

(16)实验室的相关管理制度;

(17)开展检定或校准工作的原始记录及相应的检定或校准证书副本;

(18)可以证明计量标准具有相应测量能力的其他技术资料。

二、五个重要文件的要求

(一)计量检定规程或技术规范

申请考核单位应当备有开展检定或校准工作所依据的计量检定规程或技术规范。

如无计量检定规程或国家计量校准规范,申请考核单位可以根据国际、区域、国家或行业标准编制满足校准要求的校准方法作为校准的依据,经申请考核单位组织同行专家审定,连同所依据的技术规范和实验验证结果,报主持考核单位申请考核。

(二)计量标准技术报告

新建计量标准,应当撰写计量标准技术报告,报告内容应当完整、正确。建立计量标准后,如果计量标准器和主要配套设备、环境条件及设施等发生重大变化而引起计量标准主要计量特性发生变化,应当重新修订计量标准技术报告。

(三)检定或校准的原始记录

检定或校准的原始记录格式规范、信息量齐全,填写、更改、签名及保存等符合相应规定;原始数据真实,数据处理正确。

(四)检定或校准证书

检定或校准证书的格式、签名、印章及副本保存等符合有关规定的要求;检定或校准证书结论准确,内容符合计量检定规程或技术规范的要求。

(五)管理制度

各项管理制度是保持计量标准技术状态稳定和建立正常工作秩序的保证,遵守各项管理制度是做好计量标准管理和开展好检定或校准工作的前提。申请考核单位应当建立并执行下列管理制度,以保持计量标准的正常运行:

(1)实验室岗位管理制度;

(2)计量标准使用维护管理制度;

(3)量值溯源管理制度;

(4)环境条件及设施管理制度;

(5)计量检定规程或技术规范管理制度;

(6)原始记录及证书管理制度;

(7)事故报告管理制度;

(8)计量标准文件集管理制度。

第七节　计量标准测量能力的确认

计量标准测量能力的确认可以通过如下两种方式进行。

一、通过现场试验确认计量标准测量能力

通过现场试验的结果以及检定或校准人员实际操作和回答问题的情况,判断计量标准测量能力是否满足开展检定或校准工作的需要。

现场试验应当满足如下要求:

检定或校准方法正确,操作过程规范:每一个检定或校准项目所采用的检定或校准方法、操作过程符合计量检定规程或技术规范的要求。

检定或校准结果正确:数据处理正确,检定或校准的结果与已知的参考值之差符合有关要求。

回答问题正确:能够正确回答有关本专业基本理论方面的问题、计量检定规程或技术规范中有关问题、操作技能方面的问题以及考评中发现的问题。

二、通过对技术资料的审查确认计量标准测量能力

通过申请考核单位提供的测量能力的验证、稳定性考核、重复性试验等技术资料,综合判断计量标准是否处于正常工作状态和测量能力是否满足开展检定或校准工作的需要。

申请考核单位应该积极参加由主持考核的质量技术监督部门组织的或其认可的实验室之间的比对等测量能力的验证活动。获得满意结果的,在该计量标准复查考核时可以不进行现场考评;未获得满意结果的,申请考核单位应当进行整改,并将整改情况报主持考核的质量技术监督部门。

对于准确度等级较高且重要的计量标准,如果有可能,建议申请考核单位尽可能采用测量过程控制的方法,对计量标准进行连续和长期的统计控制。具体方法参见 JJF 1033—2008 附录 C.3。对于已经采用测量过程控制对计量标准进行连续和长期的统计控制的计量标准,可以不必再单独进行重复性试验和稳定性考核。

第五章 计量标准主要考核材料的编写

按照考核性质的不同,考核项目技术含量的深浅,主持计量标准考核的管理部门要求的差异,考评单位对于专业项目的考核尺度把握区别,申报计量标准考核时要求上报的材料种类、数量有不同的具体要求。《计量标准考核规范》中要求的申请考核材料、建标技术报告和文件集等技术资料是申请考核所需材料的最基本内容,实际工作中无论是计量标准新建考核,还是复查换证,所要求准备的技术资料,都是根据当地计量管理部门的要求和建标项目的不同而定的。申报的技术材料在整个标准考核工作过程中应当注意保持全过程流转,在考核的过程中不断地修改、充实,直至考核完毕形成最终文件。申请考核单位在计量标准考核合格后,应将经过各个环节各个专家指正、修订过的正确、科学、合理的最终版本的考核材料予以存档保管,方便后续的计量标准管理工作。

第一节 《计量标准考核(复查)申请书》的编写

申请计量标准考核的单位应按要求填写《计量标准考核(复查)申请书》。无论申请新建计量标准,或计量标准的复查考核,均应提供《计量标准考核(复查)申请书》原件和电子版。

一、格式

《计量标准考核(复查)申请书》的格式见附录1实例。

二、要求

《计量标准考核(复查)申请书》在封二有如下"说明",是对填此表总的要求。

(1)根据《中华人民共和国计量法》的有关规定,凡建立社会公用计量标准或部门、企事业单位最高计量标准,需经有关质量技术监督部门主持考核合格后方可使用。

(2)《计量标准考核(复查)申请书》一般使用A4复印纸,采用计算机打印,如果用墨水笔填写,要求字迹工整清晰。

(3)申请新建计量标准考核,申请考核单位应当提供的基本资料如下:

①《计量标准考核(复查)申请书》;

②《计量标准技术报告》原件;

③计量标准器及主要配套设备有效检定或校准证书复印件;

④开展检定或校准项目的原始记录及相对应的模拟检定或校准证书复印件;

⑤《计量标准考核(复查)申请书》中所列检定或校准人员的资格证明复印件;

⑥可以证明计量标准具有相应测量能力的其他技术资料;

⑦如采用计量检定规程或国家计量校准规范以外的技术规范,应当提供技术规范和

相应的证明文件复印件。

（4）申请计量标准复查考核,申请考核单位应当提供的基本技术资料如下：

①《计量标准考核(复查)申请书》；

②《计量标准考核证书》原件；

③《计量标准技术报告》原件；

④《计量标准考核证书》有效期内计量标准器及主要配套设备的连续、有效的检定或校准证书复印件；

⑤随机抽取的该计量标准近期开展检定或校准工作的原始记录及相应的检定或校准证书复印件；

⑥《计量标准考核证书》有效期内连续的《计量标准重复性试验记录》复印件；

⑦《计量标准考核证书》有效期内连续的《计量标准稳定性考核记录》复印件；

⑧检定或校准人员资格证明复印件；

⑨计量标准更换申报表(如果适用)复印件；

⑩计量标准封存(或撤销)申报表(如果适用)复印件；

⑪可以证明计量标准具有相应测量能力的其他技术资料。

注：只有申请复查考核时才填写计量标准考核证书号、复查时间和方式。

三、《计量标准考核(复查)申请书》各栏目编写要点和具体要求

(一)封面

1."[ ] 量标 证字第 号"

填写《计量标准考核证书》的编号。新建计量标准申请考核时不必填写,待考核合格后,根据主持考核的质量技术监督部门签发的《计量标准考核证书》填写该编号。

2."计量标准名称"和"计量标准代码"

按 JJF 1022—1991《计量标准命名规范》的规定查取计量标准名称和代码。《计量标准命名规范》中没有的,可按该规范规定的命名原则和《细则》的要求进行命名。

3."申请考核单位"和"组织机构代码"

填写申请计量标准考核(或复查)单位的全称和该单位的组织机构代码。申请考核单位的全称应与本申请书"申请考核单位意见"栏内所盖公章中的单位名称完全一致。

4."单位地址"和"邮政编码"

填写申请计量标准考核(或复查)单位的具体地址,如××市××区××路××号,以及所在地区的邮政编码。

5."联系人"和"联系电话"

联系人可以是该单位分管计量标准的负责人,也可以是所建计量标准的具体负责人。联系电话应是联系人的办公电话号码(同时注明所在地区的长途区位号码),或手机号码。

6."年 月 日"

填写申请计量标准考核(或复查)单位提出计量标准考核(或复查)申请的日期。

该日期应与本申请书第三页"申请考核单位意见"一栏内的日期相一致。

（二）申请书内容

1."计量标准名称"

本栏目填写内容与本申请书封面的同名栏目完全相同。

2."计量标准考核证书号"

申请新建计量标准时不必填写,申请计量标准复查时应填写原《计量标准考核证书》的编号,并与本申请书封面的"〔 〕 量标 证字第 号"填法一致。

3."存放地点"

填写该计量标准存放部门的名称,存放地点所在的地址、楼号和房间号。

4."计量标准总价值(万元)"

填写该计量标准的计量标准器和配套设备原价值的总和,单位为万元,数字一般精确到小数点后两位。该总价值应当和《计量标准履历书》中"总价值(万元)"相一致。

5."计量标准类别"

需要考核的计量标准,按其类别分为社会公用计量标准、部门最高计量标准和企事业单位最高计量标准三类。经过质量技术监督部门授权的,属于计量授权。此处应当根据该计量标准的类别和是否属于计量授权在对应的"□"内打"√"。

6."前两次复查时间和方式"

填写该计量标准前两次复查时间和方式。如果是新建计量标准则不填;如果是新建后的第一次复查,则仅填新建计量标准考核时的时间和方式;如果是第二次复查,则填新建计量标准考核时和第一次复查的时间及方式。如果考核仅采用书面审查的方式,仅在书面审查的"□"内打"√",如果采用现场考核方式,则在书面审查和现场考评两者的"□"内均打"√"。

7."测量范围"

本栏应当填写该计量标准的量值或量值范围,即由计量标准器和配套设备组成的计量标准的测量范围。根据计量标准的具体情况,它可能与计量标准器所提供的标准量值或量值范围相同,也可能与计量标准器所提供的标准量值或量值范围不同。例如平面平晶标准装置,标准平晶的测量范围为 ϕ 150 mm,而申请书中测量范围填写为: $\phi < 150$ mm,测量范围与计量标准器提供的标准量值或量值范围不相同;而样板直尺检定装置,研磨面平尺的测量范围为 300 mm,申请书中测量范围应填写为:(0~300) mm,测量范围与计量标准器提供的标准量值或量值范围相同。

对于可以测量多种参数的计量标准,应该分别给出每一个参数的量值或量值范围。

8."不确定度或准确度等级或最大允许误差"

对于不同的计量标准,可以填写不确定度,或准确度等级,或最大允许误差。具体采用何种参数表示应根据具体情况确定,或遵从本行业的规定或约定俗成。填写时必须用符号明确注明所给参数的含义。

最大允许误差用符号 MPE 表示,其数值一般应带"±"号。例如,可以写为"MPE:±0.05 μm"。最大允许误差的绝对值用 MPEV 表示。但有些仪器的最大允许误差不带负号,是与规程规范要求的结果相一致。例如:测量范围为(0~50) mm 的光栅式指示表检定仪,仪器的示值误差是以各测量段正、反行程内受检点示值误差中最大值与最小值之差确定的,其最大允许误差为 MPE:6 μm。

准确度等级一般以该计量标准所符合的等别或级别表示,可以按各专业的规定填写,例如:写为"二等"、"1 级"。

本栏中的不确定度,是指用该计量标准检定或校准被测对象时,该计量标准在测量结果中所引入的不确定度分量。其中不应包括被测对象、测量方法以及环境条件等对测量结果的影响,例如:由环境效应导致的被测对象的不稳定,或由于被测对象和计量标准之间的失配而对测量结果产生的影响。

当填写不确定度时,应符合 JJF 1059.1—2012《测量不确定度评定与表示》的要求,用标准不确定度或扩展不确定度来表示。标准不确定度用符号 u 表示;扩展不确定度有两种表示方式,分别用 U 和 U_p 表示,与之对应的包含因子用 k 和 k_p 表示。当用扩展不确定度表示时,应同时注明所取包含因子 k 或 k_p 的数值。不确定度数值前不带" ± "号,也不得用" < "符号表示。

当包含因子的数值是根据被测量 y 的分布,并由规定的置信水准 p 计算得到时,扩展不确定度用符号 U_p 表示,与之对应的包含因子用 k_p 表示。具体地说,当规定的置信水准 p 分别为 0.95 或 0.99 时,分别用符号 U_{95} 或 U_{99} 以及 k_{95} 或 k_{99} 表示。当包含因子的数值是直接取定(在绝大多数情况下取 2),而不是根据被测量 y 的分布计算得到时,扩展不确定度用符号 U 表示,与之对应的包含因子用 k 表示。

不论用 u 还是 U 表示,都不得使用" ± "、" < "、" ≤ "、" ≥ "、" > "符号加在不确定度数值前。

填写本栏目时,应根据计量标准具体情况的不同填写不同的参数。

1)若计量标准简单地由单台仪表或量具组成

(1)若在检定或校准中直接采用该仪表或量具的示值或标称值,即不加修正值使用,则填写该仪表或量具的最大允许误差,如使用水平仪检定器检定水平仪等。

(2)若在检定或校准中,该仪表或量具需要加修正值使用,即采用其实际值,则填写该修正值的不确定度。如使用量块检定光学计,使用玻璃刻度尺检定万能工具显微镜等。

(3)若该仪表或量具有准确度等别和(或)级别的规定,则也可以填写该仪表或量具的等别和(或)级别。使用等别(即采用实际值),相当于用不确定度来表示;使用级别(即采用标称值),相当于用最大允许误差表示。如使用 1 级角度块检定 2 级角度块,使用标准角尺检定直角尺等。

2)若计量标准是由多台仪表或测量设备组成的一套系统

若计量标准是由多台仪表或测量设备组成的一套系统,则在原则上可以将计量标准分成计量标准器和比较器两部分。

(1)若可以分辨这两部分各自对测量结果的影响,则按上面的原则分别填写这两部分的有关参数(不确定度或准确度等级或最大允许误差)。当比较器是由多种设备构成时,则填写这些设备的合成不确定度。如使用量块和接触式干涉仪进行量块的量值传递,使用标准平晶和等厚干涉仪检定平面平晶等。

(2)若无法分辨这两部分各自对测量结果的影响,则直接填写上述两部分的合成不确定度。

无论采用何种方法来表示,均应明确用符号表明所提供数据的含义。对于可以测量多种参数的计量标准,应分别给出每种参数的测量不确定度或准确度等级或最大允许误差。

3)若对于不同测量点或不同测量范围,计量标准具有不同的不确定度

若对于不同测量点或不同测量范围,计量标准具有不同的不确定度,则应该根据各标准装置的具体情况,或分段给出其不确定度,以每一分段中的最大不确定度表示,或给出每个测量点的不确定度。如有可能,最好能给出测量不确定度随测量点变化的公式,如平板平面度的测量不确定度。

例如:使用电动轮廓仪检定表面粗糙度比较样块,样块的 Ra 标称值从 6.3 μm 到 0.012 μm,但其每个样块的测量不确定度的分量都是电动轮廓仪的测量不确定度,所以各个测量点的不确定度相差无几。对于量块,长度为 0.5 mm 时 $U = 0.04$ μm,长度为 100 mm 时,$U = 0.17$ μm,所以测量不确定度就必须按测量点给出。

4)若对于不同的分度值,计量标准的不确定度不同

若对于不同的分度值,计量标准的不确定度不同,应该分别给出对应于每一分度值的不确定度。例如,框式水平仪分度值误差的测量不确定度。

9. "计量标准器"和"主要配套设备"

计量标准器是指计量标准在量值传递中对量值有主要贡献的那些计量设备。主要配套设备是指除计量标准器外,对测量结果的不确定度有明显影响的其他设备。

其中"名称"和"型号"两栏分别填写各计量标准器及主要配套设备的名称和型号。填写要求与本申请书的同名栏目相同。

"测量范围"栏应当填写相应计量标准器或主要配套设备的量值或量值范围。

"不确定度或准确度等级或最大允许误差"栏应填写相应标准器及主要配套设备的不确定度或准确度等级或最大允许误差。填写要求与本申请书的同名栏目相同。

"制造厂及出厂编号"栏填写各计量标准器和主要配套设备的制造厂及出厂编号。

"检定周期或复校间隔"栏填写各计量标准器及主要配套设备的检定周期或复校间隔,例如:1 年,半年。

"末次检定或校准日期"栏填写各计量标准器及主要配套设备最近一次的检定或校准日期。

"检定或校准机构及证书号"栏填写各计量标准器及主要配套设备溯源单位的名称及检定或校准证书编号。

10. "环境条件及设施"

"环境条件及设施"栏中应填写的环境条件项目可以分为三类:

(1)在计量检定规程或技术规范中提出具体要求,并且对检定或校准结果及其测量不确定度有显著影响的环境项目为第一类项目。对这类项目,在"要求"栏内填写计量检定规程或技术规范对该环境项目规定的必须达到的具体要求,在"实际情况"栏内填写实际使用该计量标准时环境条件所能达到的实际情况;"结论"栏是指是否符合计量检定规程或技术规范对该项目所提的要求,视情况分别填写"合格(符合要求)"或"不合格(不符合要求)"。对于同一种被检仪器,由于测量范围不同或测量准确度不同而提出不同的

环境要求时,实验室环境要求应为最严格的要求。

(2)在计量检定规程或技术规范中未提出具体要求,但对检定或校准结果及其测量不确定度有显著影响的环境项目为第二类项目。对这类项目,"要求"栏按《计量标准技术报告》的"检定或校准结果的不确定度评定"栏中对该项目的要求填写;"实际情况"栏内填写实际使用该计量标准时环境条件所能达到的实际情况;"结论"栏是指是否符合《计量标准技术报告》的"检定或校准结果的不确定度评定"栏中对该项目所提的要求,视情况分别填写"合格(符合要求)"或"不合格(不符合要求)"。

(3)在计量检定规程或技术规范中提出具体要求,但对检定或校准结果及其测量不确定度的影响不大的环境项目为第三类项目。对这类项目,"要求"和"结论"栏可以不填,"实际情况"栏填写实际使用该计量标准时环境条件所能达到的实际情况。

在"环境条件及设施"栏中还应填写在计量检定规程或技术规范中提出具体要求,并对检定或校准结果及其测量不确定度有影响的,同时又是独立隶属于该计量标准装置的设施和监控设备。在"项目"栏内填写设施和监控设备名称,在"要求"栏内填写计量检定规程或技术规范对该设施和监控设备规定的应当达到的具体要求。"实际情况"栏内填写实际使用该计量标准时环境条件所能达到的实际情况,并应与《计量标准履历书》中相关内容一致。"结论"栏是指是否符合计量检定规程或技术规范对该项目所提的要求,视情况分别填写"合格(符合要求)"或"不合格(不符合要求)"。

11."检定或校准人员"

"检定或校准人员"栏中分别填写使用该计量标准进行检定或校准工作的持证计量检定或校准人员的有关信息。每项计量标准应有不少于两名的持证计量检定或校准人员。"姓名"、"性别"、"年龄"、"从事本项目年限"、"文化程度"等栏目按实际情况填写;"核准的检定或校准项目"应填写检定或校准人员所取得的相应的检定或校准项目。"资格证书名称及注册编号"可以填写《计量检定员证》的编号,或填写《注册计量师资格证书》的编号以及《注册计量师注册证》编号。"发证机关"填写颁发这些证件的机构简称。

12."文件集登记"

对表中所列 18 种文件是否具备,分别按情况填写"是(具备)"或"否(不具备)"。填写"否(不具备)"应在"备注"中说明原因。

对于文件集中的 18 种文件,必须有的文件是序号 3 的《计量标准考核(复查)申请书》,序号 4 的《计量标准技术报告》,序号 6 的"计量标准的稳定性考核记录",序号 9 的《计量标准履历书》,序号 11 的"计量检定规程或技术规范",序号 14 的"计量标准器及主要配套设备的检定证书或校准证书",序号 15 的"检定或校准人员的资格证明",序号 17 的"开展检定或校准工作的原始记录及相应的检定或校准证书副本"。其他文件可有可无。序号 18 的"可以证明计量标准具有相应测量能力的其他技术资料"包括:①实验室参加比对测量结果;②检定、校准结果验证数据;③统计控制图;④计量标准科研成果证书;⑤计量科技奖证书;⑥人员起草的计量技术规范;⑦发表的计量学论文;⑧大比武获奖证书等。

13."拟开展的检定或校准项目"

本栏目是指本计量标准拟开展的检定或校准项目。

"名称"栏填写被检或被校计量器具名称(如果只能开展校准,必须在被检或被校计量器具名称(或参数)后注明"校准"字样)。

"测量范围"栏填写被检或被校计量器具的量值或量值范围。

"不确定度或准确度等级或最大允许误差"栏填写用该计量标准对被检定或被校准计量器具进行测量时所能达到的测量不确定度等级或最大允许误差。

如果被检定或被校准的计量器具不加修正值使用,则填写该计量器具的最大允许误差。如果被检定或被校准的计量器具有准确度级别的划分,也可以填写被检定或校准的计量器具的级别。

如果被检定或被校准的计量器具需加修正值使用,则填写所出具的检定或校准证书上所提供的修正值的扩展不确定度,并同时给出有关该扩展不确定度的足够多的信息。如果被检定或被校准的计量器具有准确度等别的划分,也可以填写被检定或校准的计量器具的等别。

"所依据的计量检定规程或技术规范的代号及名称"栏填写开展计量检定或校准所依据的计量检定规程或技术规范的代号及名称。填写时先写计量检定规程或技术规范的代号,再写名称的全称。例如:JJG 28—2000平晶检定规程。若涉及多个计量检定规程或技术规范,则应全部分别予以列出。此处应当填写被检或被校计量器具(或参数)被检定或校准时所依据的计量检定规程或技术规范,而不是检定或校准时所使用的计量标准器或主要配套设备的计量检定规程或技术规范。

14."申请考核单位意见"

申请考核单位的负责人(即主管领导)签署意见并签名和加盖公章。

15."申请考核单位主管部门意见"

申请考核单位的主管部门在本栏目签署意见。如申请建立部门最高计量标准,则应在意见中明确写明"同意建立本部门最高计量标准"并加盖公章。如企业申请建立本单位最高计量标准,申请考核企业的主管部门应在本栏目签署"同意建立该企业最高计量标准,请予考核"意见。

16."主持考核(复查)质量技术监督部门意见"

主持考核(复查)质量技术监督部门在审阅申请资料并确认受理申请后,根据所申请计量标准的准确度等级确定组织考核(复查)的质量技术监督部门。主持考核(复查)的质量技术监督部门应将是否受理的明确意见,如"同意受理该计量标准申请,请××局组织考核"写入本栏并加盖公章。

17."组织考核(复查)质量技术监督部门意见"

组织考核(复查)质量技术监督部门在接受主持考核(复查)质量技术监督部门下达的考核任务后,确定考评单位或成立考评组,并将处理意见写入栏内并加盖公章。

四、《计量标准考核(复查)申请书》实例

《计量标准考核(复查)申请书》实例见附录1。

第二节 《计量标准技术报告》的编写

申请计量标准考核的单位应按 JJF 1033—2008 的要求填写《计量标准技术报告》。无论申请新建计量标准,或计量标准的复查考核,均应提供《计量标准技术报告》原件一份。计量标准考核合格后由申请考核单位存档。

一、格式

《计量标准技术报告》格式见附录 2 实例。

二、计量标准的主要技术指标

(1)明确给出整套计量标准(对于常用几何量计量标准主要是指主标准器和对测量结果的不确定度贡献较大的配套设备)的测量范围、分辨力或最小分度值、准确度等级或最大允许误差或测量不确定度、其他必要的技术指标。

(2)对于可以测量多种参数的计量标准,必须给出对应于每种参数的主要技术指标。

(3)若对于不同测量点,计量标准的不确定度(或最大允许误差)不相同,建议用公式表示不确定度(或最大允许误差)与测量点的关系。如无法给出公式,则分段给出其不确定度(或最大允许误差)。对于每一个分段,以该段中最大的不确定度(或最大允许误差)表示。

三、《计量标准技术报告》各栏目的编写要点和具体要求

申请考核单位应当填写《计量标准技术报告》。计量标准考核合格后由申请考核单位存档。《计量标准技术报告》一般由计量标准负责人填写。《计量标准技术报告》一般使用 A4 复印纸,采用计算机打印,如果用墨水笔填写,要求字迹工整清晰。

(一)封面和目录

1.“计量标准名称”

本栏中填写的名称应与《计量标准考核(复查)申请书》中的名称一致。

2.“计量标准负责人”

填写所建计量标准负责人的姓名。

3.“建标单位名称(公章)”

填写建立计量标准单位的全称并加盖公章。该单位名称应与《计量标准考核(复查)申请书》中申请考核单位的名称和公章中名称完全一致。

4.“填写日期”

填写编写《计量标准技术报告》的日期。如果是重新修订,应注明第一次填写日期和本次修订日期。

5.“目录”

目录一共 12 项内容,应在每个项目的括号内注明页码。

（二）技术报告内容

1."建立计量标准的目的"

简要地叙述建立计量标准的目的和意义，分析建立计量标准的社会经济效益，以及所建计量标准的传递对象和范围。

2."计量标准的工作原理及其组成"

用文字、框图或图表简要叙述该计量标准的基本组成，以及开展量值传递时采用的检定或校准方法。计量标准的工作原理及其组成应符合所建计量标准的国家计量检定系统表和国家检定规程或技术规范的规定。

3."计量标准器及主要配套设备"

本栏目填写内容与《计量标准考核（复查）申请书》的同名栏目完全相同。

4."计量标准的主要技术指标"

计量标准的主要技术指标以主标准器的技术指标表示，包括：

（1）测量范围。

（2）准确度等级或最大允许误差或测量不确定度（对于简化考核的项目，采用主标准器的准确度等级或最大允许误差表示）。

（3）其他必要的技术指标。

对于可以测量多种参数的计量标准，必须给出对应于每种参数的主要技术指标。

若对于不同的分度值或不同测量点，计量标准的准确度等级或最大允许误差或测量不确定度不同，建议用公式表示准确度等级或最大允许误差或测量不确定度与测量点的关系。如无法给出公式，则分段给出其准确度等级或最大允许误差或测量不确定度。

5."环境条件"

本栏的填写内容应与《计量标准考核（复查）申请书》中的"环境条件及设施"栏目一致。申请书中填写的设施也应填写在本栏中。

6."计量标准的量值溯源和传递框图"

根据与所建计量标准相对应的国家计量检定系统表，画出该计量标准溯源到上一级计量器具及传递到下一级计量器具的量值溯源和传递框图。

计量标准的量值溯源传递框图包括三级，见图5-1。分别是上一级计量标准、本级计量标准和下一级计量器具。上一级计量标准信息包括保存机构、计量标准器名称、测量范围、准确度等级或最大允许误差或测量不确定度；本级计量标准信息包括计量标准器名称、测量范围、准确度等级或最大允许误差或测量不确定度；下一级计量器具信息包括开展检定或校准的计量器具名称、测量范围、准确度等级或最大允许误差或测量不确定度。三级之间应当注明溯源和传递实施的检定或校准方法。

当开展检定或校准的计量器具种类较多时，可选择几种典型的计量器具，绘制量值溯源传递框图。

计量标准的量值溯源传递框图格式示例见图5-2、图5-3。

7."计量标准的重复性试验"

计量标准的重复性是计量标准的主要计量特性之一。JJF 1033—2008《计量标准考核规范》（以下简称《规范》）将计量标准的重复性定义为在相同测量条件下，重复测量同

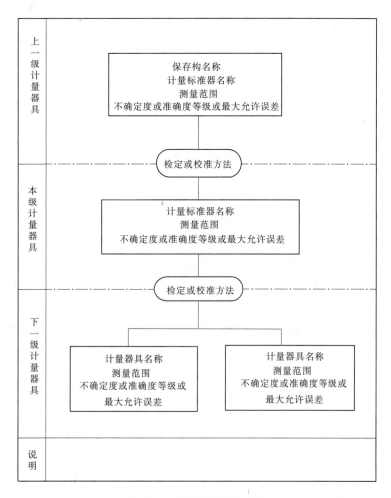

图 5-1　量值溯源传递框图

一个被测量,计量标准提供相近示值的能力,通常用测量结果的分散性来定量地表示。

1) 重复性的测量方法

在重复性条件下,用计量标准对常规的被检定或被校准对象进行 n 次的独立重复测量,若得到的各次测量结果为 $y_i(i=1,2,\cdots,n)$,则其重复性 $s(y_i)$ 可用贝塞尔公式计算。

$$s(y_i) = \sqrt{\frac{\sum_{i=1}^{n}(y_i - \bar{y})^2}{n-1}} \tag{5-1}$$

式中　$\bar{y}$——n 次测量结果的算术平均值;

　　　n——重复测量次数,n 应尽可能大,一般应不少于 10 次。

对于可以测量多种参数的计量标准,应分别对每种参数进行重复性试验。

2) 重复测量的次数

由于用贝塞尔公式计算得到的实验标准差 s 不是标准偏差 σ 的无偏估计量,也就是说,当用实验标准差 s 作为标准偏差 σ 的估计值时,除存在随机误差外,还会存在系统误

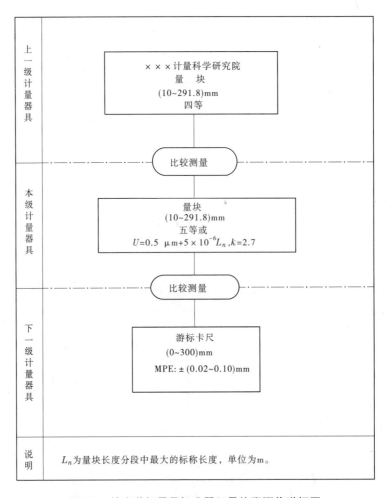

上一级计量器具	×××计量科学研究院 量　块 $(10 \sim 291.8)$mm 四等
	比较测量
本级计量器具	量块 $(10 \sim 291.8)$mm 五等或 $U=0.5 \ \mu\text{m}+5\times10^{-6}L_n, k=2.7$
	比较测量
下一级计量器具	游标卡尺 $(0 \sim 300)$mm MPE: $\pm (0.02 \sim 0.10)$mm
说明	L_n为量块长度分段中最大的标称长度，单位为m。

图 5-2　检定游标量具标准器组量值溯源传递框图

差,并且该系统误差随测量次数减少而增大。因此,在使用贝塞尔公式计算实验标准差时,一般要求测量次数较多,在计量标准考核中要求测量次数 $n \geqslant 10$。但当重复性引入的不确定度分量不是主要分量时,允许适当减少测量次数,但不得少于6次。

3)关于重复性条件

JJF 1001—2011《通用计量术语及定义》中"测量重复性"的定义为:在一组重复测量条件下的测量精密度。重复性测量条件包括相同测量程序、相同操作者、相同测量系统、相同操作条件和相同地点,并在短时间内对同一或相类似被测对象重复测量的一组测量条件。关键是如何理解"相同操作条件"以及"在短时间内对同一或相类似被测对象重复测量"这两条要求。

严格地说,要在完全相同的条件下进行两次重复测量是不可能的。这里的"相同操作条件"应理解为测量时的环境条件处于统一控制状态下。而要求"在短时间内对同一或相类似被测对象重复测量"也是为了确保测量时的环境条件基本保持不变。如果测量时间较长,难免环境条件发生变化,因此在进行重复性测量时,测量时间应尽可能短。

在进行重复性测量时,从原则上讲所有的测量条件均应该保持不变。但由于在进行

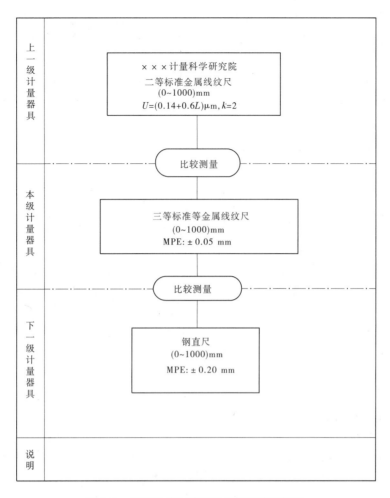

图 5-3 钢直尺检定装置量值溯源传递框图

测量结果的不确定度评定时,可能有部分不确定度来源由于信息量不够而无法在 B 类评定中予以考虑,此时在进行重复性测量时应该使该不确定度来源所对应的影响量在合理范围内改变,使得到的重复性分量中包含该因素对测量结果的影响,否则该不确定度分量将会被遗漏。所谓"合理范围"是指在日常检定或校准中该影响量的可能变化范围。反之,如果某一不确定度来源在 B 类评定中已经予以考虑,此时在进行重复性测量时应该使该不确定度来源所对应的影响量保持不变,否则该不确定度分量将会被重复计算。不遗漏,也不重复计算每一个不确定度分量,特别是重要的不确定度分量,是不确定度评定的一项基本原则。

4)重复性测量对象的选择

由于测量对象本身的不稳定性,并且还可能受到环境条件的影响,因此被测对象也会对测量结果的分散性有影响,特别是当被测对象是非实物量具的测量仪器时。于是由式(5-1)计算得到的分散性通常比计量标准本身所引入的分散性稍大。

如果仅按字面意思理解,计量标准的重复性不应该包括被测对象对重复性测量的影响,但为了评定测量结果的不确定度,把由式(5-1)计算得到的分散性直接作为测量结果的一个不确定度来源,所以《规范》规定计量标准的重复性应该包括被测对象对测量结果分散性的影响。但由于不同的测量对象对重复性的影响可能不同,因此就产生了应该选择什么样的测量对象来进行重复性测量的问题。

为了使评定得到的不确定度可以用在大多数的同类测量中,《规范》规定重复性试验所采用的测量对象应是常规的测量对象。所谓"常规"的测量对象应理解为其本身的稳定性是绝大多数被测对象都能达到的,而不能采用稳定性最好的测量对象。由此可知,《规范》规定的重复性实际上就是检定或校准结果的重复性,在检定或校准结果的不确定度评定中,它直接就是一个必须考虑的不确定度分量。因此,无论被检定或被校准的测量对象是否稳定,计量标准的重复性是建标单位必须提供的主要技术指标之一。

5) 被测仪器的分辨力对重复性测量的影响

测量仪器的分辨力是指测量仪器能有效辨别的最小示值差,也就是说,分辨力是指测量仪器的指示器或显示装置对其最小示值差的辨别能力。对于数字式测量仪器,分辨力为变化一个末位有效数字时其示值的变化。对于模拟式仪表,读数时能分辨到几分之一格就是其分辨力。由于测量仪器的分辨力不可能做得无限小,于是测量仪器的有限分辨力也会对测量结果产生影响,若测量仪器的分辨力为 δ_x,则分辨力所引入的不确定度分量为 $0.289\delta_x$。

由于重复性测量中的每一个测量结果都会受到被测仪器分辨力的影响,并且在大多数情况下对不同的测量结果其影响是不同的。因此,在通常情况下,由式(5-1)计算得到的实验标准差 $s(y_i)$ 同时包含了被测仪器分辨力对测量结果的影响,故此时应只考虑重复性所引入的不确定度分量,而不必再考虑分辨力所引入的不确定度分量。

但如果测量仪器的分辨力太大,而导致由贝塞尔公式计算得到的重复性引入的不确定度分量小于被测仪器的分辨力所引入的不确定度分量,或甚至由式(5-1)计算得到的重复性引入的不确定度分量等于零时,则应该用分辨力引入的不确定度分量代替重复性分量。总之,由贝塞尔公式计算得到的重复性分量和由被测仪器的分辨力引入的不确定度分量中,仅取两者中的较大者即可。

6) 合并样本标准差 s_p 在重复性测量中的应用

对于常规的计量检定或校准,当无法满足 $n \geqslant 10$ 时,为使得到的实验标准差更可靠,如果有若干组类似的重复性测量数据可以利用,可以采用合并样本标准差 s_p。其计算公式为

$$s_p = \sqrt{\frac{\sum_{j=1}^{m}\sum_{k=1}^{n}(y_{kj} - \bar{y_j})^2}{m(n-1)}} \tag{5-2}$$

式中　m——测量的组数;

　　　n——每组包含的测量次数;

　　　y_{kj}——第 j 组中第 k 次的测量结果;

　　　$\bar{y_j}$——第 j 组测量结果的平均值。

由式(5-2)计算得到的合并样本标准差的准确程度取决于根式中分母的大小。也就是说,如果每组的重复测量次数 n 不太大,通过增加所采用的组数 m,同样可以得到较为

准确的 s_p。

不是在任何重复性测量中都可以采用合并样本标准差,只有当已经存在若干组类似的重复测量数据可以利用时,才有可能采用合并样本标准差。所谓若干组类似的重复性测量数据是指在不同的时刻对同一测量对象,在规程或技术规范规定的条件下测得的各组重复性测量数据;或者虽然是对不同的测量对象(包括同一测量对象的不同测量点)得到的重复性测量数据,但试验结果或理论分析表明其重复性相差不大。

7)重复性测量结果的判断

重复性所引入的不确定度只是测量结果的不确定度中的一个分量,因此从原则上说,对重复性本身并无要求,只要最终得到的测量结果的扩展不确定度满足要求即可。但由于当初在新建计量标准时已经对计量标准的重复性进行了考核,并且已经证明最终得到的测量结果的不确定度满足要求,因此可以将新建计量标准时测得的重复性数据作为初步判断的依据。

如果测得的重复性小于或等于新建计量标准时测得的重复性,则表明计量标准的重复性变化不大,仍满足要求。如果测得的重复性大于新建计量标准时测得的重复性,在测得的重复性与以往重复性数据相比不存在较大突变的条件下,则应按新的重复性测量数据重新将各不确定度分量合成并得到测量结果的扩展不确定度。若评定得到的测量不确定度仍符合要求,判重复性符合要求,否则判为不符合要求。

常用几何量计量标准的重复性考核按照《细则》表4的要求进行,需要做重复性考核的计量标准,除新建时应当进行重复性试验,并提供测得的重复性数据外,已建计量标准应至少每年进行一次重复性试验,并判断其是否符合要求。对于已经有效建立测量过程统计控制的计量标准,由于控制图本身已经提供了大量的重复性测量数据,因此可以不必再单独进行重复性试验。

根据国家简化考核原则和常用几何量计量标准的计量特性,确定"检定游标量具标准器组"、"检定测微量具标准器组"和"检定指示量具标准器组"三项作为简化考核项目,可以不进行重复性试验;根据仪器本身的特性,《细则》规定,"角度规检定装置"、"水平仪检定装置"、"合像水平仪检定装置"、"平面平晶标准装置"和"样板直尺检定装置"也可以不进行重复性试验。

8."计量标准的稳定性考核"

计量标准的稳定性是计量标准的主要计量特性之一,它是指计量标准保持其计量特性随时间恒定的能力,也就是说,计量标准的稳定性是表示计量标准所提供的标准量值的长期漂移的度量。《规范》规定,计量标准的稳定性用经过规定的时间间隔后计量标准提供的量值所发生的变化来表示,因此计量标准的稳定性与所考虑的时间段的长短有关。

计量标准通常由计量标准器和配套设备组成,因此计量标准的稳定性应包括计量标准器的稳定性和配套设备的稳定性。同时,在稳定性的测量过程中还不可避免地会引入被测对象对稳定性测量的影响,为使这一影响尽可能地小,必须选择稳定的测量对象作为稳定性测量的核查标准。如果测量对象选择不当,被测对象对稳定性测量的影响可能会远大于计量标准自身的稳定性,故稳定性测量的前提是必须存在可以作为核查标准的稳定的被测对象。因此,《规范》规定,当计量标准不存在量值稳定的核查标准时,是不可能进行稳定性考核的。

1）稳定性考核的方法

（1）三等量块标准装置的稳定性考核方法。对于新建三等量块标准装置，每隔一段时间（大于1个月），用该计量标准（三等量块）对核查标准（四等量块）进行一组 n 次的重复测量，取其算术平均值作为该组的测量结果。共观测 m 组（$m \geqslant 4$），取 m 个测量结果中的最大值和最小值之差，作为新建计量标准在该时间段内的稳定性。

对于已经有效建立了测量过程统计控制的三等量块标准装置，由于该控制方法已经定期地提供了大量稳定性测量的数据，因此可以不必再单独进行稳定性考核。

（2）其他常用几何量计量标准的稳定性考核方法。对于其他常用几何量计量标准，可采用上级给出的计量标准器检定或校准数据，进行年稳定性考核，给出计量标准器稳定性考核结论，填写计量标准器年稳定性考核记录表，可绘制计量标准器稳定性曲线图。

（3）根据国家简化考核原则和几何量计量标准的计量特性，确定"检定游标量具标准器组"、"检定测微量具标准器组"和"检定指示量具标准器组"三项作为简化考核项目，可以不进行稳定性考核。《细则》规定，"角度规检定装置"可以不进行稳定性考核。

2）稳定性考核结果的判断

（1）如果有关的检定规程或校准规范中已经给出了该类计量标准器年变化量的技术指标，应采用规程或规范中给定的指标进行考核和判定。

（2）若计量标准在使用中采用标称值或示值（即不加修正值使用，或称为按"级"使用），则测得的稳定性应小于计量标准的最大允许误差的绝对值。

（3）若计量标准在使用中采用实际值（即加修正值使用，或称为按"等"使用），则测得的稳定性应小于该修正值的扩展不确定度（$U, k = 2$ 或 U_{95}）。

（4）稳定性考核不合格结果的处理。

稳定性考核的困难在于计量标准所提供的标准量值是由上级部门提供的，因此从原则上来说，只有上级部门才有可能比较准确地测量计量标准所提供的标准量值的变化量。

在《细则》中除简化考核的计量标准，其他的计量标准要求每年进行一次计量标准的稳定性考核，主要原因是可以及时发现计量标准由于某种偶然的原因而导致其所提供的量值有较大的变化。如果稳定性考核的结果不符合要求，必须找出原因。导致稳定性测量结果变坏的原因很多，例如计量标准器的漂移以及主要配套设备示值误差的变化、核查标准量值的漂移，也可能仅仅是稳定性的测量不确定度太大造成的。

当通过稳定性考核发现计量标准的稳定性不符合要求时，首先应检查整套计量标准装置中的所有配套设备是否符合规程和规范的要求，以排除计量标准器以外的其他因素。最重要的是应将计量标准再次送上级部门进行检定或校准，并采用上级部门提供的最新数据。无论计量标准的量值是否发生了明显变化，为稳妥起见，此时应该缩短计量标准的检定或校准周期。如果计量标准的量值发生了明显变化，还应增加稳定性考核的次数。

9. 测量过程的统计控制——控制图

控制图是过程质量的一种记录图形，它能判断连续的过程中是否有异常，提供异常因素存在的信息，以便于查明异常原因并采取措施，使过程实现统计控制。测量过程统计控制的控制图与生产过程统计控制的控制图是相同的。其不同点在于生产过程的控制图建立在测量过程本身是可靠的基础上,而测量过程的控制图是要查证测量过程本身是否可靠。

测量过程与生产过程一样,它受被测对象、测量方法、测量仪器、测量标准、操作人员和环境条件等多方面的影响。每个方面都会有变异,而且都可能有两个方面原因引起的变异。一方面是普通原因引起的变异,或称随机原因、正常原因引起的变异。这是由于那些经常存在的且不能预知的原因的广泛变化引起的,这些原因中,每一个都对总变化有微小的贡献,但其中任何一个原因都不会产生较大的影响。如测量中我们常遇到的温度的随机波动,操作人员瞄准的随机变化,随机振动等,它们引起测量结果的随机变化。另一方面是特殊原因引起的变异,或称异常原因、系统原因、粗大原因引起的变异。如操作人员的一时失误、仪器的单向漂移、机械磨损、电子元件的老化等,它们引起测量结果的单向漂移或突变。测量过程是从生产过程引申过来的。它也是通过控制引起各种变异的原因,防止测量结果出现系统性变异,保证测量过程的所有变动性处于随机状态,而且是在允许的范围内,从而保证测量结果在允许变动范围内的一致性,保证测量结果的质量。

利用控制图的方法对测量过程进行统计控制是《规范》新增加的内容。《规范》规定,对于准确度较高且重要的计量标准,如有可能,建议尽量采用控制图对测量过程进行连续和长期的统计控制。在已经发布实施的 JJF(豫)1003—2011《常用几何量计量标准考核细则》中明确规定:对三等量块标准装置的计量性能进行考核实行统计控制的方法,新建计量标准时需要进行重复性试验和稳定性考核,后续需有控制图。

1)建立控制图的基本流程

测量过程统计控制的基本流程包括核查标准的选择、规定条件下的控制测量、控制极限的计算、日常控制测量、过程受控与否的判断、过程失控的处置等,见图5-4。

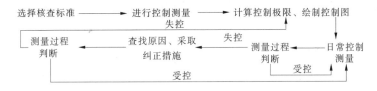

图5-4　测量过程统计控制方法流程图

2)核查标准

JJF 1001—2011《通用计量术语及定义》中定义的核查装置(也称核查标准)为用于日常验证测量仪器或测量系统性能的装置。核查标准在测量过程中及统计控制中起着证明测量仪器或系统是否正常的关键作用。要实现测量过程的统计控制,需要对测量过程进行采样。然而,测量过程中由于被测对象经常变更,要实现可重复的随机采样是非常困难的。解决的方法是在测量过程中引入核查标准代替被测对象。核查标准提供了一种表征测量过程状态的手段,即在一个相当长的时间和变化的环境条件下,通过对同一个核查标准的重复测量以反映整个测量过程的性能。所以,核查标准不仅是一个标准,还可以将对核查标准进行多次测量得到的数据建立起数据库,即在重复性测量的条件下,长期对它进行测量得到的大量的测量值。

核查标准的选择应满足以下要求:

（1）核查标准应具有良好的重复性和稳定性，以确保能够反映出影响测量过程性能的各种因素，包括随机影响和系统影响。

（2）核查标准的量值应能被测量过程测量或复现。

（3）核查标准应具备可用性，即在测量过程中需要进行控制测量的任何时刻都可获得和使用。

（4）核查标准一旦选定，一般不应再作为计量标准，否则核查标准的高频率使用造成的自身量值的变化会带入控制测量过程，影响对测量过程的判断。

对量块检定过程进行控制，核查标准的选择较为容易。量块本身就是一实物量具，稳定性一般很好，选择某一标称尺寸的量块作为核查标准，只需要经过一段时间的同准确度或更高准确度测量得到其稳定的量值即可。

3）控制图的分类

根据控制对象数据的性质，即所采用的统计控制量来分类，在测量过程中常用的控制图有平均值—标准偏差控制图（$\bar{x}$—s 图）和平均值—极差控制图（$\bar{x}$—R 图）。

控制图通常成对使用，平均值控制图主要用于判断测量过程中是否受到不受控的系统效应的影响。标准偏差控制图和极差控制图主要用于判断测量过程中是否受到不受控的随机效应的影响。

标准偏差控制图比极差控制图具有更高的检出率，但由于标准偏差要求重复性测量次数 $n \geqslant 10$，对某些计量标准可能难以实现，所以一般采用极差控制图，极差控制图要求重复性测量次数 $n \geqslant 5$。对于三等量块标准装置来讲不存在上述问题，建议采用标准偏差控制图。

根据控制图的用途，可以分为分析用控制图和控制用控制图两大类。

（1）分析用控制图：用于对已经完成的测量过程或测量阶段进行分析，以评估测量过程是否稳定或处于受控状态。

（2）控制用控制图：对于正在进行的测量过程，可以在进行测量的同时进行过程控制，以确保测量过程处于稳定受控状态。

具体建立控制图时，应首先建立分析用控制图，确认过程处于稳定受控状态后，将分析用控制图的时间界延长，于是分析用控制图就转化为控制用控制图。

4）建立控制图的步骤

A. 预备数据的取得

（1）预备数据是建立分析用控制图的基本取样数据，要求取样过程处于随机控制状态中，即环境条件满足 JJG 146—2011 量块检定规程要求的测量条件。

（2）在重复性条件下，用某尺寸三等量块对四等量块进行 10 次重复性测量，得到 10 次测量结果，称为一个子组；且按不定的时间间隔重复上面的测量过程，得到 k 个子组，要求子组数 $k \geqslant 20$，在实际工作中最好取 25 组，即使当个别子组数据出现可以查明原因的异常而被剔除时，仍可保持多于 20 组的数据。相邻两个子组的测量应相隔足够的时间，以确保各子组得到的测量数据相互独立，同时应尽可能反映出各种因素，如环境温湿度变化、仪器老化、人员变动等对测量过程的影响。

B. 计算统计控制量

对于平均值—标准偏差控制图($\bar{x}$—s 图)，应计算的统计控制量为：每个子组的平均值$\bar{x}_j$，每个子组的标准偏差 s_j，合并标准偏差（各子组标准偏差的统计平均值）s_c，各子组的平均值的平均值$\bar{\bar{x}}$，合并样本标准差 s_p。

C. 统计控制方法——统计检验法

a. t－检验

t－检验是对测量过程长期变化进行的统计检验。设某子组 10 次测量结果的平均值为$\bar{x}_j$，统计量 t_c 定义为

$$t_c = \frac{|\bar{x}_j - \bar{\bar{x}}|}{s_p}$$

则当 $t_c \leq k$ 时称为测量过程受控，其中 $k \leq 2$ 或 $k \leq 3$，分别对应 95% 和 99% 的置信概率。

注意：这里要求采集预备数据的子组数不得少于 15 组。

b. F－检验

F－检验是对测量过程短期变化进行的统计检验。设子组重复测量的次数为 n，则该子组的实验标准偏差为 s_w，则当 $s_w \leq s_c \sqrt{F_\alpha(v_1, v_2)}$ 时，称为测量过程受控，其中 $v_1 = n-1$ 为 s_w 的自由度，$v_2 = m(n-1)$ 为 s_c 的自由度。

通常 $\alpha = 0.05$ 或 0.01（即 $p = 0.95$ 或 0.99）；$F_\alpha(v_1, v_2)$ 可查 F 分布的临界值表获得。

D. 控制界限的确定

平均值—标准偏差控制图($\bar{x}$—s 图)和平均值—极差控制图($\bar{x}$—R 图)是计量控制图的两种形式，它们同属于采用 $\pm 3\sigma$ 控制线的常规控制图，其原理是，假定随机变量 X 服从分布中心为 μ，标准差为 σ 的正态分布，并假定样本分布的特征量 $\bar{x}$、s、$\bar{x}_R$、R 也服从正态分布，即将 $\bar{x}$、s、$\bar{x}_R$、R 看成服从正态分布的随机变量，它们有各自的标准偏差 σ，因此可以用 $\pm 3\sigma$ 来确定控制限。

a. 平均值控制图，$\bar{x}$图（仅指与标准偏差控制图联用的平均值控制图）

中心线 $\qquad\qquad\qquad\qquad\qquad \text{CL} = \bar{\bar{x}}$

控制上限 $\qquad\qquad\qquad\qquad\quad \text{UCL} = \bar{\bar{x}} + ks_p$

控制下限 $\qquad\qquad\qquad\qquad\quad \text{LCL} = \bar{\bar{x}} - ks_p$

其中，$k = 2$ 时称为警戒限，$k = 3$ 时称为控制限。

b. 标准偏差控制图，s 图

中心线 $\qquad\qquad\qquad\qquad\qquad \text{CL} = s_c$

控制上限 $\qquad\qquad\qquad\qquad\quad \text{UCL} = s_c \sqrt{F_\alpha(v_1, v_2)}$

控制下限 $\qquad\qquad\qquad\qquad\quad \text{LCL} = 0$

其中，$v_1 = n-1$ 为组内标准偏差的自由度，$v_2 = m(n-1)$ 为合并标准偏差 s_c 的自由度。

E. 制作控制图并在图上标出测量点

控制图的纵坐标为计算得到的各统计控制量，横坐标为时间坐标。在图上画出 CL、

UCL、LCL 三条控制界限,标出各子组相应统计控制量的位置(称为测量点)后,将相邻的测量点连成折线,即完成分析用的控制图。

按照控制图对异常判断的各项原则,对分析用控制图中各测量点的分布情况进行判断。若测量点的分布状况没有任何违背判断准则的情况,即表明测量过程处于统计控制状态。

【例5-1】 用标称尺寸为 50 mm 的四等量块作为核查标准采集的预备数据见表 5-1,合并标准偏差(各子组标准偏差的统计平均值)

$$s_c = \sqrt{\frac{1}{m}\sum_{j=1}^{m} s_j^2} = 0.0067 \ \mu m$$

过程标准偏差(组间标准偏差)

$$s_p = \sqrt{\frac{1}{m-1}\sum_{j=1}^{m} (\bar{x}_j - \bar{\bar{x}})^2} = 0.0046 \ \mu m$$

分别进行 t—检验、F—检验,剔除异常值,确认测量过程受控后,计算中心线、上下控制线。

解:(1)平均值控制图,$\bar{x}$ 图。

中心线　　$CL = \bar{\bar{x}} = 0.070 \ \mu m$

控制上限　$UCL = \bar{\bar{x}} + ks_p = 0.070 + 3 \times 0.0046 = 0.0838 \ \mu m$

控制下限　$LCL = \bar{\bar{x}} - ks_p = 0.070 - 3 \times 0.0046 = 0.0562 \ \mu m$

平均值控制图见图 5-5。

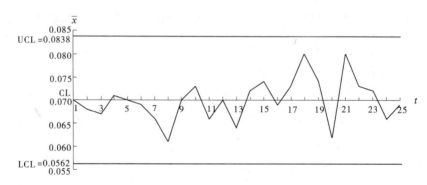

图 5-5　平均值控制图

(2)标准偏差控制图,s 图。

中心线　　$CL = s_c = 0.0067 \ \mu m$

控制上限　$UCL = s_c \sqrt{F_\alpha(v_1, v_2)} = 0.0067 \times \sqrt{2.51} = 0.0106 \ \mu m$

控制下限　$LCL = 0$

标准偏差控制图见图 5-6。

F. 将分析用的控制图转化为控制用控制图

将分析用控制图的时间坐标延长,每隔一规定的时间间隔,再作一组测量,在控制图

表 5-1 用标称尺寸为 50 mm 的四等量块作为核查标准采集的预备数据

（单位：μm）

测组	1	2	3	4	5	6	7	8	9	10	11	12	13	14	15	16	17	18	19	20	21	22	23	24	25
测次 1	+0.06	+0.07	+0.07	+0.08	+0.06	+0.06	+0.07	+0.06	+0.07	+0.07	+0.08	+0.07	+0.06	+0.07	+0.06	+0.07	+0.06	+0.07	+0.07	+0.06	+0.08	+0.08	+0.07	+0.07	+0.08
测次 2	+0.08	+0.07	+0.07	+0.07	+0.07	+0.07	+0.07	+0.07	+0.07	+0.07	+0.07	+0.07	+0.07	+0.07	+0.07	+0.08	+0.07	+0.07	+0.07	+0.05	+0.07	+0.07	+0.07	+0.06	+0.08
测次 3	+0.08	+0.07	+0.06	+0.07	+0.07	+0.07	+0.07	+0.05	+0.08	+0.07	+0.07	+0.07	+0.07	+0.07	+0.08	+0.06	+0.08	+0.08	+0.08	+0.06	+0.08	+0.06	+0.07	+0.06	+0.07
测次 4	+0.08	+0.07	+0.06	+0.07	+0.07	+0.07	+0.07	+0.06	+0.07	+0.07	+0.07	+0.07	+0.06	+0.08	+0.08	+0.08	+0.08	+0.07	+0.07	+0.05	+0.09	+0.08	+0.07	+0.08	+0.07
测次 5	+0.07	+0.07	+0.07	+0.07	+0.06	+0.07	+0.07	+0.06	+0.07	+0.07	+0.07	+0.07	+0.06	+0.08	+0.07	+0.06	+0.07	+0.08	+0.08	+0.06	+0.09	+0.08	+0.08	+0.06	+0.06
测次 6	+0.06	+0.07	+0.07	+0.07	+0.06	+0.08	+0.06	+0.06	+0.07	+0.07	+0.06	+0.06	+0.06	+0.07	+0.07	+0.07	+0.07	+0.07	+0.07	+0.07	+0.08	+0.07	+0.07	+0.06	+0.06
测次 7	+0.06	+0.06	+0.07	+0.07	+0.07	+0.07	+0.06	+0.06	+0.08	+0.08	+0.08	+0.08	+0.06	+0.07	+0.07	+0.08	+0.08	+0.08	+0.08	+0.06	+0.09	+0.06	+0.07	+0.06	+0.06
测次 8	+0.07	+0.07	+0.07	+0.07	+0.07	+0.06	+0.06	+0.06	+0.06	+0.07	+0.07	+0.07	+0.07	+0.07	+0.08	+0.08	+0.08	+0.08	+0.08	+0.07	+0.08	+0.08	+0.08	+0.07	+0.07
测次 9	+0.07	+0.07	+0.07	+0.07	+0.07	+0.07	+0.07	+0.07	+0.06	+0.06	+0.08	+0.06	+0.06	+0.07	+0.08	+0.06	+0.06	+0.09	+0.07	+0.07	+0.07	+0.07	+0.07	+0.07	+0.07
测次 10	+0.07	+0.07	+0.07	+0.07	+0.08	+0.07	+0.07	+0.07	+0.07	+0.07	+0.08	+0.06	+0.07	+0.07	+0.07	+0.07	+0.07	+0.08	+0.07	+0.07	+0.07	+0.08	+0.07	+0.06	+0.07
$\bar{x}_j$	0.0700	0.0680	0.0680	0.0670	0.0710	0.0700	0.0690	0.0660	0.0700	0.0700	0.0730	0.0660	0.0700	0.0640	0.0720	0.0690	0.0740	0.0800	0.0740	0.0620	0.0800	0.0730	0.0720	0.0660	0.0690
s_j	0.0082	0.0042	0.0048	0.0032	0.0082	0.0074	0.0074	0.0052	0.0057	0.0048	0.0070	0.0070	0.0047	0.0052	0.0042	0.0070	0.0082	0.0082	0.0052	0.0079	0.0082	0.0082	0.0042	0.0070	0.0074

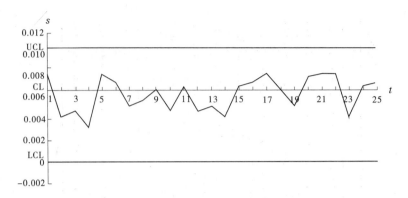

图 5-6　标准偏差控制图

上标出测量点位置后,将连接测量点的折线逐次延长,就成为可以对测量过程进行日常控制的控制图。

图 5-7 给出了常规控制图的式样,纵坐标为所选择的统计控制量,例如平均值、标准偏差等。UCL、CL、LCL 分别为控制上限、中心线和控制下限。测量点位于 $\pm 3\sigma$ 之外的区域,表示测量过程出现异常。 $\pm 2\sigma$ 和 $\pm 3\sigma$ 之间的区域为警戒区,当测量点出现在警戒区内时应开始对测量过程予以注意,并关注其后续变化。图 5-7 中折线的实线部分为分析用控制图,经横坐标延长后加上折线的虚线部分,就成为控制用的控制图。

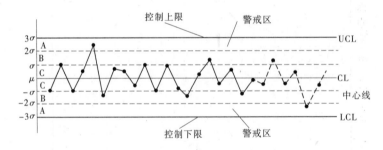

图 5-7　常规控制图

G. 测量过程失控的判断

在确定好过程参数和控制限后,每进行一次控制测量,都要及时进行数据处理,计算组内平均值和实验标准偏差,将结果分别画在平均值控制图和标准偏差控制图上,然后判断测量过程是否受控:

(1)若测量结果的平均值和实验标准偏差均落在控制限以内,则测量过程受控。

(2)如果发现控制量平均值出现单方向偏移或超出警戒限,则说明测量过程出现了某种系统影响,有失控趋势。

(3)如果测量过程超出控制限,且进一步控制测量后证明其不是偶然现象,则表明测量过程失控。平均值控制图失控表明测量过程出现了明显的系统影响,标准偏差控制图失控表明测量过程的重复性明显变差。

H. 测量过程失控的处置

(1)当发现测量过程出现单方向偏移或失控趋势时,应积极采取预防措施,避免测量过程失控。

（2）如果测量过程确已失控，则应采取纠正措施，直到测量过程恢复受控。测量过程失控阶段开展的测量工作视为无效。

（3）如果纠正措施无效，则需要对计量标准的性能进行重新评估，如果仍符合预期要求，则可用近期积累的测量数据重新计算过程参数并确立新的控制限。

（4）测量过程的失控也可能由核查标准引起，这种情况下应立即更换核查标准，重新建立过程参数和控制限。

（5）即使测量过程受控，也可以将新积累的测量数据和历史数据合并起来确定新的控制限，以提高其置信度。

10."检定或校准结果的测量不确定度评定"

测量不确定度评定应遵循 JJF 1059.1—2012《测量不确定度评定与表示》，对于几何量计量标准，也可采用 JJF 1130—2005《几何量测量设备校准中的不确定度评定指南》。检定规程给出不确定度评定实例的，参照检定规程进行评定。

1）测量不确定度评定的一般步骤

（1）明确被测量，必要时给出被测量的定义及测量过程的简单描述。

（2）列出所有影响测量不确定度的影响量（即输入量 x_i），并给出用以评定测量不确定度的数学模型，在数学模型中应包含所有应该考虑的影响量。

（3）评定各输入量的标准不确定度 $u(x_i)$，并通过灵敏系数 c_i 进而给出与各输入量对应的不确定度分量 $u_i(y) = |c_i|u(x_i)$。

（4）计算合成标准不确定度 $u_c(y)$，计算时应考虑各输入量之间是否存在值得考虑的相关性，对于非线性数学模型则应考虑是否存在值得考虑的高阶项。

（5）列出不确定度分量的汇总表，表中应给出每一个不确定度分量的详细信息。

（6）对被测量的分布进行估计，如能估计出被测量接近于某种分布，则根据该分布和所要求的置信概率 p 确定包含因子 k_p。

（7）在无法确定被测量 y 的分布，或虽可以判定被测量接近于正态分布，但可以确认其有效自由度不小于15，或对该测量领域有统一规定时，也可以直接取包含因子 $k=2$。

（8）由合成标准不确定度 $u_c(y)$ 和包含因子 k 或 k_p 的乘积，分别得到扩展不确定度 U 或 U_p。

（9）给出测量不确定度的最后陈述，其中应给出关于扩展不确定度的足够信息。利用这些信息，至少应该使用户能从所给的扩展不确定度重新导出检定或校准结果的合成标准不确定度。

2）检定和校准结果的测量不确定度的评定

在《计量标准技术报告》的"检定或校准结果的测量不确定度评定"一栏中，应填写在计量检定规程或技术规范规定的条件下，用该计量标准对常规的被检定或被校准对象进行检定或校准时，所得结果的测量不确定度评定详细过程，并给出各不确定度分量的汇总表。

评定内容应该包括：

（1）对于可以测量多种参数的计量标准，应分别给出每种参数的不确定度评定详细过程。

（2）由于被检定或被校准的测量仪器通常具有一定的测量范围,因此检定和校准工作往往需要在若干个测量点进行,原则上对于每一个测量点都应给出评定得到的测量结果的不确定度。

（3）如果检定或校准的测量范围很宽,并且对于不同的测量点所得结果的不确定度不同,检定或校准结果的不确定度可用下列两种方式之一来表示:

第一种方式是在整个测量范围内,分段给出其测量不确定度(以每一分段中的最大测量不确定度表示)。

另一种方式是对于校准来说,如果用户只在某几个校准点或在某段测量范围内使用,也可以只给出这几个校准点或该段测量范围的测量不确定度。

（4）无论用上述何种方式来表示,均应具体给出典型值的测量不确定度评定过程。如果对于不同的测量点,其不确定度来源和数学模型相差甚大,则应分别给出它们的不确定度评定过程。

（5）视包含因子 k 取值方式的不同,在各种技术文件(包括测量不确定度评定的详细报告、技术报告以及检定或校准证书等)中,最后给出的测量不确定度应采用下述两种方式之一表示:

第一种方式:扩展不确定度 U。当包含因子的数值不是根据被测量的分布由规定的置信概率 p 计算得到的,而是直接取定时,扩展不确定度应当用 U 表示。在此情况下一般取 $k=2$。

在给出扩展不确定度 U 的同时,应同时给出所取包含因子 k 的数值。在能估计被测量接近于正态分布,并且能确保有效自由度不小于 15 时,还可以进一步说明:"估计被测量接近于正态分布,其对应的置信概率约为 95%"。

第二种方式:扩展不确定度 U_p。当包含因子的数值是根据被测量的分布并由规定的置信概率 p 计算得到时,扩展不确定度应该用 U_p 表示。具体地说,当规定的置信概率 p 分别为 95% 和 99% 时,扩展不确定度分别用 U_{95} 和 U_{99} 表示。置信概率 p 通常取 95%,当采用其他数值时应注明其来源。

在给出扩展不确定度 U_{95}(或 U_{99})的同时,应注明所取包含因子 k_{95}(或 k_{99})的数值,以及被测量的分布类型。若被测量接近于正态分布,还应给出其有效自由度 ν_{eff}。

根据国家简化考核原则和几何量计量标准的计量特性,确定"检定游标量具标准器组"、"检定测微量具标准器组"和"检定指示量具标准器组"三项作为简化考核项目,可以不进行检定和校准结果的测量不确定度的评定。《细则》规定,"角度规检定装置"也可以不进行检定和校准结果的测量不确定度的评定。

3）测量不确定度的有效数字

（1）不确定度 U 或 $u_c(y)$ 都只能是 1～2 位有效数字。也就是说,不确定度最多为 2 位有效数字。例如国际上 1992 年公布的相对原子量,给出的不确定度只有 1 位有效数字;1996 年公布的物理常量,给出的不确定度均是 2 位有效数字。

（2）在计算过程中可以保留多余的位数,以避免修约误差带来的不确定度。

（3）有效位数取一位还是两位,主要取决于修约误差限的绝对值占不确定度的比例大小。

例如：$U = 0.1$ mm，则修约误差限为 ± 0.05 mm，修约误差限的绝对值占不确定度的比例为 50%；而取 2 位有效数字 $U = 0.13$ mm 时，修约误差限为 ± 0.005 mm，修约误差限的绝对值占不确定度的比例为 3.8%。所以，除对测量要求不高的情况外，一般取 2 位有效数字。

4）通用的数字修约规则

把数据中多余的数字去除，称为修约。通用的修约规则为（以保留数字的末位为单位）：

末位后的数字大于 0.5 者末位进一；

末位后的数字小于 0.5 者末位不变（即舍弃末位后的数字）；

末位后的数字恰为 0.5 者，使末位为偶数（即当末位为奇数时，末位进一，当末位为偶数时，末位不变）。

我们可以简捷地记成："四舍六入，逢五取偶"。例如，测量不确定度按通用规则数字修约如下：

$u_c = 0.568$ mm，应写成 $u_c = 0.57$ mm 或 $u_c = 0.6$ mm；

$u_c = 0.561$ mm，应写成 $u_c = 0.56$ mm；

$U = 10.5$ nm，应写成 $U = 10$ nm；

$U = 10.5001$ nm，应写成 $U = 11$ nm；

$U = 11.5 \times 10^{-5}$，取 2 位有效数字，应写成 $U = 12 \times 10^{-5}$，取 1 位有效数字，应写成 $U = 1 \times 10^{-4}$；

$U = 1235687$ μm，取 1 位有效数字，应写成 $U = 1 \times 10^6$ μm $= 1$ m。

注意：不可连续修约，例如：要将 7.691499 修约到 4 位有效数字，应一次修约为 7.691。若采取 $7.691499 \rightarrow 7.6915 \rightarrow 7.692$ 是不对的。

为了保险起见，也可将不确定度的末位后的数字全都进位而不是舍去。

例如：$u_c = 10.27$ mm，报告时取 2 位有效数字，为保险起见可取 $u_c = 11$ mm。

测量结果（即被测量的最佳估计值）的末位一般应修约到与其测量不确定度的末位对齐。即同样单位情况下，如果有小数点则小数点后的位数一样，如果是整数，则末位一致。

例如：$y = 6.3250$ mm，$u_c = 0.25$ mm，则被测量估计值应写成 $y = 6.32$ mm。

$Y = 1039.56$ mm，$U = 10$ mm，则被测量估计值应写成 $y = 1040$ mm。

$Y = 1.50005$ mm，$U = 10.015$ μm，首先将 Y 和 U 变换成相同的计量单位 μm，然后对不确定度修约。对 $U = 10.015$ μm 修约，取 2 位有效数字为 $U = 10$ μm，然后对被测量的估计值修约：对 $Y = 1.50005$ mm $= 1500.05$ μm 修约，使其末位与 U 的末位相对齐，得 $Y = 1500$ μm。则测量结果为 $Y \pm U = 1500$ μm ± 10 μm。

测量结果的位数不够而无法与不确定度对齐时，一般采取补零后再对齐（实际操作中应避免出现这种情况）。例如：$y = 6.3$ mm，$u_c = 0.25$ mm，则测量结果的最后一位后应补零，写成 $y = 6.30$ mm。

11."检定或校准结果的验证"

检定或校准结果的验证是指对给出的检定或校准结果的可信程度进行试验验证。由于验证的结论与测量不确定度有关,因此验证的结论在某种程度上同时也说明了所给出的检定或校准结果的不确定度是否合理。

验证方法有两种:传递比较法和比对法。

1)传递比较法

用被考核的计量标准测量一稳定的被测对象,然后将该被测对象用另一更高级的计量标准进行测量。若用被考核计量标准和高一级计量标准进行测量时的扩展不确定度 (U_{95} 或 $k=2$ 时的 U,下同)分别为 U_{lab} 和 U_{ref},它们的测量结果分别为 y_{lab} 和 y_{ref},在两者的包含因子近似相等的前提下应满足 $|y_{lab} - y_{ref}| \leqslant \sqrt{U_{lab}^2 + U_{ref}^2}$。

当 $U_{ref} \leqslant \dfrac{U_{lab}}{3}$ 成立时,可忽略 U_{ref} 的影响,此时上式成为 $|y_{lab} - y_{ref}| \leqslant U_{lab}$。

2)比对法

如果不可能采用传递比较法,就可采用多个实验室之间的比对。假定各实验室的计量标准具有相同准确度等级,可采用各实验室所得到的测量结果的平均值作为被测量的最佳估计值。

若被考核实验室的测量结果为 y_{lab},其测量不确定度为 U_{lab},在被考核实验室测量结果的方差比较接近于各实验室的平均方差,以及各实验室的包含因子均相同的条件下,应满足 $|y_{lab} - \bar{y}| \leqslant \sqrt{\dfrac{n-1}{n}} U_{lab}$。

两种方法相比较,传递比较法是具有溯源性的,而比对法则并不具有溯源性。因此,检定或校准结果的验证原则上应采用传递比较法,只有在不可能采用传递比较法的情况下,才允许采用比对法进行检定或校准结果的验证,并且参加比对的实验室应尽可能多。

需要注意的是,根据河南省几何量计量标准的特点,当采用比对法进行检定或校准结果的验证时,至少由 3 个以上(含 3 个)实验室参加,比对参数应与进行不确定度评定的参数相同。如果实验室拥有 3 台以上相同准确度等级的计量标准,也可进行实验室内部比对。

根据国家简化考核的原则,进行简化考核的计量标准可以对"重复性试验、稳定性考核、检定或校准结果的测量不确定度评定"3 个项目进行简化考核;检定或校准结果的测量不确定度评定这一项简化考评后,由于后续的检定或校准结果的验证采用的方法均和不确定度有关而无法进行。鉴于以上情况,《细则》规定"检定游标量具标准器组"、"检定测微量具标准器组"、"检定指示量具标准器组"和"角度规检定装置"四项计量标准对检定或校准结果的验证一项可以简化考核。

12."结论"

经过计量标准的分析、试验、验证,对所建计量标准是否符合国家计量检定系统表和计量检定规程或校准规范、是否具有相应的测量能力、是否能够开展相应的检定及校准项目、是否满足《规范》要求等方面给出总体评价。

某计量标准经测量不确定度评定、重复性试验、稳定性考核和检定或校准结果的验证,如果满足 $U \leqslant 1/3$ MPEV,后续重复性≤新建标时重复性,稳定性＜计量标准的最大允许误差的绝对值(不加修正值使用,或称为按"级"使用)或稳定性＜修正值的扩展不确定度($U,k=2$ 或 U_{95}),验证结果符合 $|y_{lab} - y_{ref}| \leqslant U_{lab}$ 或 $|y_{lab} - \bar{y}| \leqslant \sqrt{\dfrac{n-1}{n}} U_{lab}$ 等要求,该标准装置可以开展计量检定或校准工作,在结论中说明准备开展检定或校准的被测计量器具名称、分度值或最小分辨力、测量范围、准确度等级或最大允许误差。

执行的计量检定规程中规定可以开展多种类型计量器具检定或者校准时,可以按照所建计量标准已经具备的实际测量能力,逐项填写能够开展检定或校准的被测计量器具名称、分度值或最小分辨力、测量范围、准确度等级或最大允许误差或测量不确定度等限制条件。

13."附加说明"

填写认为有必要的、可证实计量标准测量能力的其他技术资料或证明文件。

四、《计量标准技术报告》实例

《计量标准技术报告》实例见附录2。

第三节 《计量标准履历书》的编写

《计量标准履历书》是所建计量标准装置的技术档案,记录了该标准装置从建立到撤销整个过程中标准设备、配套设备情况,装置的主要技术参数、检定人员、依据的技术文件和检测环境的变化,是文件集中主要文件之一。其各栏目的填写要求如下。

一、封面和目录

(1)"计量标准名称"。

(2)"计量标准代码"。

(3)"计量标准考核证书号"。

上述三个栏目的填写内容与《计量标准考核(复查)申请书》的同名栏目完全一致。其中,对于新申请装置的"计量标准考核证书号",应在考核合格,计量标准考核证书下发后再填写。

"建立日期×××年××月××日"应填写计量标准筹建完成的日期。

"目录"一共有11项内容,应在每项内容的括号内注明实际页码。

二、《计量标准履历书》各栏目的编写要点和具体要求

(一)"计量标准基本情况记载"

该部分的"计量标准名称"、"测量范围"和"不确定度或准确度等级或最大允许误差"及"存放地点"同《计量标准考核(复查)申请书》的同名栏目填写完全一致。

"总价值(万元)"填写该计量标准的标准器和全部配套设备原价值的总和,数字一般

精确到小数点后两位。

"启用日期"可填写该计量标准开始试运行的日期,应早于申报材料的日期。

"建立计量标准情况记录"填写该标准装置筹建的基本情况,如:主标准器和配套设备的购置、安装、送检过程中出现的问题,人员培训取证过程及环境条件的改建调试过程等。

"验收情况"填写该标准装置的计量标准器、主要配套设备及设施验收情况,并要求验收人签名。验收根据各单位具体情况按本单位质量手册要求进行,一般应由计量标准器、主要配套设备及设施购买部门和使用部门共同验收。经验收符合检定规程要求后,由计量标准负责人签收。

"计量标准基本情况记载"示例见表5-2。

表5-2 "计量标准基本情况记载"示例

计量标准名称	角度规检定装置		
测量范围	$15°10' \sim 90°$		
不确定度 或准确度等级 或最大允许误差	MPE:$\pm 10''$		
存放地点	×××中心长度计量室	总价值(万元)	1.41
启用日期	××××年××月××日		

建立计量标准情况记录:

该计量标准于2009年10月开始筹建。根据万能角度尺、组合式角度尺检定规程的要求,先后购买了角度块、刀口形直尺、平板、直角尺等标准设备。有两名检定员于2010年5月参加了省里组织的"万能量具"检定规程培训班,经专业理论知识和实际操作技能考核合格后,于2010年8月取得该项目的检定员证。经中心领导批准,实验室购买了冷暖式空调,将原来的门窗改建为铝合金的双层玻璃门窗,于2010年3月完成了实验室环境改造。按JJF 1033—2008的要求,先后建立了该标准装置的技术档案,建立了实验室岗位责任制和计量标准使用维护制度等8项管理制度。主标准器和相关配套设备见计量标准、配套设备及设施登记表,该装置现在满足开展测量范围为0~360°、MPE:$\pm(2'、5')$万能角度尺的检定要求。

验收情况:

该计量标准的标准器和配套设备均可溯源到上级相关的计量标准,经××省计量科学研究院检定,均符合JJG 33—2002万能角度尺检定规程的要求(检定证书见技术档案);实验室经半年的试运行,温湿度记录均符合检定规程的要求(温湿度记录见技术档案)。验收合格。

验收人:

××××年××月××日

(二)"计量标准器、配套设备及设施登记"

该部分中"计量标准器"和"配套设备"的信息应与《计量标准考核(复查)申请书》的同名栏目填写完全一致。设施信息应登记与检定工作有关的设施,如空调、温湿度计、加湿机和除湿机等。本单位质量手册有特殊规定的,按本单位规定执行。

"价值"一栏中应填写该设备的原价值,各设备、设施的价值之和应等于"计量标准基本情况记载"中的"总价值"。

"计量标准器、配套设备及设施登记"示例见表5-3。

表5-3 "计量标准器、配套设备及设施登记"示例

	名 称	型号	测量范围	不确定度 或准确度等级 或最大允许误差	制造厂及 出厂编号	价值 (元)	备注
计量标准器	角度块	7 块组	15°10′~90°	MPE: ±10″	成量××	560	
	—	—	—	—	—	—	—
配套设备	平板	(200×300) mm	(200×300) mm	0 级	湖南××	320	
	千分表	(0~1) mm	(0~1) mm	MPE:5 μm	哈量××	150	
	刀口尺	75 mm	(0~75) mm	MPE$_s$:1.0 μm	江苏××	100	
	直角尺	(250×160) mm	(250×160) mm	0 级	河北××	150	
	粗糙度比较 样块	32 块组	Ra(0.012~ 6.3)μm	MPE:(-17~ +12)%	哈量××	350	
	塞尺	100B	(0.02~1.00) mm	MPE: ±(0.005~ 0.001 6)mm	上海××	100	
	测量显微镜	JQC-15J	(50×13)mm	MPE:(5+ L/15)μm	上海××	360	
	—	—	—	—	—	—	
设施	冷暖式空调	—	—	—	海尔××	12000	
	温湿度计	—	(-20~40)℃	MPE:0.1 ℃	上海××	80	
	—	—	—	—	—	—	

(三)计量标准考核(复查)记录

该部分主要是记录各次计量标准考核的信息。JJF 1033—2008 规定标准考核四年进行一次,考核合格后换发计量标准证书。应在考核后按新计量标准证书中的信息和考核时情况填写该部分各栏目信息。

"计量标准名称"同计量标准证书。

"考核日期"应是实际考核日期,不是计量标准证书中的日期。

"考核单位"填写历次承担该计量标准考核的单位。例如某公司申请"三等量块标准装置"的考核,应先将申请材料提交到公司所在地的市级质量技术监督部门,若该市质量技术监督部门具备考核"三等量块标准装置"的条件,则其就是该次考核的承担单位。若其不具备考核"三等量块标准装置"的条件,将考核材料提交上一级质量技术监督部门组织考核,这次承担该计量标准考核的单位就是上一级质量技术监督部门。

"考核方式"分为"书面考核"和"书面审查+现场考评"两种。新建计量标准应采用"书面审查+现场考评"的方式,即考评员先对申请材料进行审查,无重大问题时再到现场考评;复查考核一般采用"书面考核"的形式,即只对申请材料进行审查。

"考核结论"填写"合格"或"不合格"。

"考评员姓名"填写承担该次标准考核的考评员姓名。

"计量标准考核证书有效期"填写计量标准证书中的有效期,例如:2010 年 10 月 8 日至 2014 年 10 月 7 日。

"计量标准考核(复查)记录"示例见表5-4。

表5-4 "计量标准考核(复查)记录"示例

计量标准 名称	角度规检定装置					
考核日期	考核单位	考核方式	考核结论	考评员姓名	计量标准考核 证书有效期	备注
2010-05-10	××省质量 技术监督局	书面审查+ 现场考评	合格	×××	2010 年 6 月 8 日至 2014 年 6 月 7 日	

(四)"计量标准器稳定性考核图表"

根据《细则》的要求,选择"计量标准器稳定性考核记录"或"计量标准器稳定性曲线图"。对于可测量多种参数的计量标准,每一种参数均应给出其"计量标准器稳定性考核记录"或"计量标准器稳定性曲线图"。对于新建立的计量标准,按 JJF 1033—2008 中规定的计量标准稳定性考核方法进行考核,考核结果记录在《计量标准技术报告》中。建标以后历年的稳定性考核可用计量标准器的稳定性考核替代,考核结果填写在《计量标准履历书》中。

计量标准器稳定性考核记录表见表5-5。

(五)"计量标准器及主要配套设备量值溯源记录"

该部分主要记录该计量标准计量标准器及主要配套设备历年量值溯源情况。各栏目的信息参照仪器的检定或校准证书填写。

关于"检定周期或校准间隔"的填写:对于检定证书,按照检定证书给出的有效期填写;对于校准证书,按照校准证书中给出的建议下次校准日期填写。

关于"结论"的填写:对于检定,按照检定证书中给出的"结论"填写;对于校准,填写是否"符合要求"。

该表格可按每年一张,记录该标准装置所有标准设备的信息,也可按每台仪器一张,记录该仪器多年的量值溯源情况。

表 5-5 　计量标准器稳定性考核记录表

计量标准器名称及编号	名义值	允许变化量	上级法定计量机构检定数据或自我对比数据							
			2007 年	2008 年	变化量	结论	日期	日期	变化量	结论
角度块（1234）	15°10′	<1′	−27″	−27″	0″	符合要求				
	30°20′	<1′	+2″	+1″	1″	符合要求				
	45°	<1′	+5″	+6″	1″	符合要求				
	45°30′	<1′	+11″	+10″	1″	符合要求				
	50°	<1′	−4″	−4″	0″	符合要求				
	60°40′	<1′	+10″	+11″	1″	符合要求				
	70°50′	<1′	+30″	+30″	0″	符合要求				
	90°	<1′	+11″	+11″	0″	符合要求				
检定员			×××				检定员			

"计量标准器及主要配套设备量值溯源记录"示例见表 5-6。

表 5-6 　"计量标准器及主要配套设备量值溯源记录"示例

计量标准器及主要配套设备名称	检定或校准日期	检定周期或校准间隔	检定或校准机构名称	结论	检定或校准证书号	备注
角度块	2010-03-09	1 年	××省计量院	2 级	长字20103304 − × ×	
平板	2010-03-09	1 年	××省计量院	1 级	长字20103304 − × ×	
千分表	2010-03-09	1 年	××省计量院	合格	长字20103304 − × ×	
刀口尺	2010-03-12	1 年	××市检测中心	0 级	长字20103304 − × ×	
直角尺	2010-03-09	1 年	××省计量院	合格	长字20103304 − × ×	
粗糙度比较样块	2010-03-09	1 年	××省计量院	符合要求	长字20103304 − × ×	
塞尺	2010-03-09	1 年	××省计量院	合格	长字20103304 − × ×	
测量显微镜	2010-03-12	1 年	××市检测中心	合格	长字20103304 − × ×	

(六)"计量标准器及配套设备修理记录"

该部分主要记录计量标准器及配套设备修理情况。

"修理对象"填写被修理的计量标准器及配套设备的名称、规格型号和出厂编号。

"修理日期"填写被修理的计量标准器及配套设备的修理日期。

"修理原因"填写被修理的计量标准器及配套设备的故障情况。

"修理情况"填写被修理的计量标准器及配套设备修理时的情况。

仪器的修理一般有两种情况，一种是由生产厂家修理，一种是送检定机构修理，但"修理结论"都应以检定机构的检定证书的结论为准。

"计量标准器及配套设备修理记录"示例见表5-7。

表5-7　"计量标准器及配套设备修理记录"示例

修理对象	修理日期	修理原因	修理情况	修理结论	经手人签字
编号为1234的角度块中标称值为45°30′的角度块	2010年3月	该角度块角度偏差超过检定规程要求	由××省计量科学研究院对该角度块的工作角进行了修理	修理后经××省计量科学研究院检定，符合2级角度块的角度偏差	×××

（七）"计量标准器及配套设备更换登记"

《计量标准履历书》中登记的所有计量标准器及配套设备发生任何更换，均应进行登记。

"更换原因"填写标准器及配套设备更换的原因。

"批准部门或批准人及日期"填写批准更换的部门、批准人及批准日期。

"计量标准器及配套设备更换登记"示例见表5-8。

表5-8　"计量标准器及配套设备更换登记"示例

更换前计量器具名称、型号及出厂编号	更换后计量器具名称、型号及出厂编号	更换原因	更换日期	经手人签字	批准部门或批准人及日期
2级角度块7块组编号:1234	2级角度块7块组编号:4321	经××省计量科学研究院检定，原角度块的示值误差超过万能角度尺检定规程要求	2010年3月9日	×××	××中心业务科×××，批准日期:2010年2月10日

（八）"计量检定规程或技术规范（更换）登记"

本部分填写开展检定或校准所依据的计量检定规程或校准规范。如果检定或校准所依据的计量检定规程或校准规范更换，应在《计量标准履历书》中予以记载。

新建计量标准只填写"现行的计量检定规程或技术规范代号及名称"一栏，此后每当检定或校准所依据的计量检定规程或校准规范更换，就在"现行的计量检定规程或技术规范代号及名称"一栏内填写新规程或规范的名称及代码，在"原计量检定规程或技术规范代号及名称"一栏中填写被代替的原规程或规范。

"主要的变化内容"应记录新规程的适用范围、计量性能要求、检定条件、检定项目和主要检定器具及检定方法的变化。

"计量检定规程或技术规范(更换)登记"示例见表5-9。

表5-9 "计量检定规程或技术规范(更换)登记"示例

现行的计量检定规程或技术规范代号及名称	原计量检定规程或技术规范代号及名称	变更日期	主要的变化内容
JJG 21—2008 千分尺检定规程	JJG 21—1995 千分尺检定规程	2008-09-20	(1)取消了等级; (2)增加了数显千分尺的检定; (3)标准器中增加了三等量块和接触式干涉仪; (4)将检定室的温度提高到(20±1)℃

(九)"检定或校准人员(更换)登记"

新建计量标准该项目应根据《计量标准考核(复查)申请书》的内容填写,全体人员只填"上岗日期","离岗日期"不填。当检定人员发生变化时,对离去人员再在该表中填写"离岗日期",新增人员按表中要求填写。

"检定或校准人员(更换)登记"示例见表5-10。

表5-10 "检定或校准人员(更换)登记"示例

姓名	性别	文化程度	资格证书名称	资格证书编号	核准的检定或校准项目	上岗日期	离岗日期
×××	女	本科	检定员证	[2010]计检证豫字第××号	万能量具	2001年	
×××	女	本科	检定员证	[2010]计检证豫字第××号	万能量具	2000年	2008年
×××	男	本科	检定员证	[2008]计检证豫字第××号	万能量具	2008年	

(十)"计量标准负责人(更换)登记"

本部分登记计量标准负责人(项目负责人)的信息。对于新建计量标准,当标准装置验收合格,计量标准负责人在"计量标准基本情况记载"的验收情况一栏签字后,即在该部分中填写自己的相应信息,并在"交接记事"一栏中记载标准工作状况,在"负责人姓名"一栏签名,"交接人签字及日期"一栏不填写。当计量标准负责人更换时,应当记载更换情况,此时的负责人为新上任的计量标准负责人,原来的计量标准负责人则在"交接人签字及日期"一栏中签名并登记交接日期。

"计量标准负责人(更换)登记"示例见表5-11。

表 5-11 "计量标准负责人（更换）登记"示例

负责人姓名	接收日期	交接记事	交接人签字及日期
李××	2009-10-09	标准装置工作正常	李×× 2009-10-09
王××	2010-03-09	标准设备无变化,标准装置工作正常	王×× 2010-03-09

(十一)"计量标准使用记录"

每次使用计量标准时都应填写"计量标准使用记录"。一般情况下,该部分不在《计量标准履历表》中存放,而是单独印刷成册,与标准装置放在一起,便于记录,也可在检定（校准）记录中登记。

"计量标准使用记录"示例见表 5-12。

表 5-12 "计量标准使用记录"示例

使用日期	使用前情况	使用后情况	使用人签名	备注
2010-05-10	装置运行正常	装置运行正常	×××	

三、《计量标准履历书》实例

《计量标准履历书》实例见附录 3。

第六章　常用几何量计量标准考核

计量标准考核是质量技术监督部门对计量标准测量能力的评定和开展量值传递资格的确认。

计量标准考核实行考评员考评制度,考评员须经国家或省级质量技术监督部门考核合格,并取得计量标准考评员证,方能从事与其所取得的考评项目相一致的考评工作。

计量标准考核必须执行 JJF 1033—2008《计量标准考核规范》,坚持逐项逐条考评的原则,从计量标准器及配套设备、计量标准的主要计量特性、环境条件及设施、人员、文件集及计量标准测量能力的确认等六个方面对 30 项内容逐项进行考评。

申请计量授权的单位,其计量标准必须经授权的质量技术监督部门按照 JJF 1033—2008《计量标准考核规范》的要求考核合格。

第一节　计量标准的考评

一、计量标准的考评原则和方式

计量标准的考评是指在计量标准考核过程中,计量标准考评员对计量标准测量能力的评价。计量标准的考评采用书面审查和现场考评及现场抽查等三种形式。新建计量标准的考核采用书面审查和现场考评相结合的方式:首先进行书面审查,基本符合条件的,再进行现场考评。计量标准的复查考核一般采用书面审查,如果申请考核单位所提供的技术资料不能证明计量标准具有相应的测量能力,或者已经连续两次采用了书面审查方式进行复查考核,应当安排现场考评;对于一个单位多项计量标准同时进行复查考核的,在书面审查的基础上,可以采用现场抽查的方式进行现场考评,一般现场考评抽查的计量标准数量为被考核项目的三分之一。

二、计量标准的考评内容

计量标准的考评内容包括计量标准器及配套设备、计量标准的主要计量特性、环境条件及设施、人员、文件集及计量标准测量能力的确认等六个方面共 30 项要求。其中重点考评项目(带"＊"号的项目)有 10 项,书面审查项目(带"△"号的项目)有 20 项,可以简化考评项目(带"○"号的项目)有 3 项。

三、重点考评项目

凡属于法律、法规对计量标准的要求,在规范中将其列入重点考评的项目,在计量标准的考核中应予以高度重视,并严格遵照执行。考评时,如果有重点考评项目不符合要求,则为考评不合格。重点考评项目有缺陷时,可以限期整改。重点考评项目有如下 10

项:计量标准器及配套设备的配置、计量标准器及主要配套设备的计量特性、计量标准的溯源性、计量标准的稳定性、环境条件、检定或校准人员、计量检定规程或技术规范、检定或校准结果的测量不确定度评定、现场试验中的检定或校准方法和检定或校准结果。

四、书面审查项目

凡是可以通过查阅申请考核单位所提供的申请资料确认计量标准是否符合规范要求的项目列入书面审查项目。所有计量标准的考评都要进行书面审查。书面审查项目见《计量标准考核规范》附录 J – 1"计量标准考评表"中带"△"号的项目,共计有 20 项。书面审查中的重点考评项目有 6 项,包括计量标准器及配套设备的配置、计量标准器及主要配套设备的计量特性、计量标准的溯源性、计量标准的稳定性、检定或校准人员及检定或校准结果的测量不确定度评定。

五、允许简化考评的项目

对于构成简单、准确度等级低、环境条件要求不高,并列入国家质检总局发布的《简化考核的计量标准目录》的计量标准,其重复性、稳定性、检定或校准结果的测量不确定度评定等 3 个项目(带"○"号的项目)可以根据计量标准的特点简化考评。《简化考核的计量标准目录》由国家质检总局另行发布。在计量标准考评时,考评员对于重复性、稳定性、检定或校准结果的测量不确定度评定等 3 个项目(带"○"号的项目),可以简化考评。

六、考评判定标准

如果有重点考评项目(带"﹡"号的项目)不符合要求,则为考评不合格;重点考评项目有缺陷,或其他项目不符合或有缺陷时,可以限期整改,整改时间一般不超过 15 个工作日,超过整改期限仍未改正者,则为考评不合格。

第二节　常用几何量计量标准的考评

《细则》将计量标准根据其主要计量特性的考核(包括重复性试验、稳定性考核、测量不确定度评定)及检定或校准结果的验证,分成实施统计控制的考核、常规考核、简化考核三种情况处理,考核时针对这三种情况的具体要求分别对待。

一、实施统计控制的考核

JJF 1033—2008 对计量标准的稳定性考核作出了明确规定,但是,不是所有的计量标准都能进行稳定性考核,因为在计量标准稳定性的测量过程中还不可避免地会引入被测对象对稳定性测量的影响,为使这一影响尽可能地小,必须选择一稳定的测量对象来作为稳定性测量的核查标准。如果不能找到一个稳定的被检对象——核查标准,可以不进行稳定性考核。

由于三等量块标准装置可以找到一个实物量具作为核查标准,在《细则》中,规定"三等量块标准装置"作为实施统计控制的计量标准考核项目,新建计量标准时按照 JJF

1033—2008 进行稳定性考核,同时要建立分析用控制图。考评时,要注意审核核查标准的选择、控制图绘制、对测量过程进行统计控制情况等,同时要对分析用控制图进行审核;对已建计量标准,应对逐步建立的控制用控制图进行审核。计量标准复查时审核控制用控制图。

二、常规考核

常用几何量计量标准中规定的常规考核项目有 23 项。

在计量标准的"常规考核"中,有些计量标准器和被检定或被校准的对象为非实物量具的测量仪器,对于该被测参数来说,不存在可以作为核查标准的实物量具,或者说,有的计量标准虽为实物量具,但影响稳定性的因素比较多,因此根据实际情况将这 23 项实施"常规考核"的计量标准稳定性考核规定为:

"四等量块标准装置"等项目新建计量标准时稳定性考核按照 JJF 1033—2008 的要求进行,已建计量标准稳定性考核主要针对主标准器进行,可采用上级给出的计量标准器检定数据,进行年稳定性考核。按照计量检定规程的要求,对年变化量进行评定,给出计量标准器稳定性考核结论,填写计量标准器年稳定性考核记录表,可不绘制计量标准器稳定性曲线图。

三、简化考核

对于构成简单、准确度等级低、环境条件要求不高,并列入国家质检总局发布的《简化考核的计量标准目录》的计量标准,以及对于计量标准仅由实物量具组成,而被检定或被校准的对象为非实物量具的测量仪器,实物量具可以直接用来检定或校准非实物量具的测量仪器,并且实物量具的稳定性通常远优于非实物量具的测量仪器的计量特性,因此确定"检定游标量具标准器组"等 4 项作为简化考核项目。这几项标准考核时,无论新建计量标准还是已建计量标准,可以不进行重复性试验、稳定性考核、测量不确定度评定及检定或校准结果的验证。这一要求比国家级的规定放得更加宽泛。

第三节　常用几何量计量标准的考评方法

一、书面审查

考评员通过查阅申请考核单位所提供的申请资料进行书面审查。审查的目的是确认申请资料是否齐全、正确,所建计量标准是否满足法制和技术的要求。通过审查申请考核单位提供的资料和数据,如原始记录、稳定性考核、重复性试验、检定或校准结果的测量不确定度评定以及检定或校准结果的验证等,判断其是否具有相应的测量能力。如果考评员认为申请考核单位所提供的申请资料存在疑问,应当与申请考核单位进行沟通。

(一)书面审查的内容

书面审查的内容是《计量标准考评表》中带"△"号的项目,共 20 项,其中包括重点考评项目中的 6 项,即既带"△"号,又带"*"号的项目。

书面审查时,应逐项审查带"△"号的 20 项项目,并应重点审查既带"△"号,又带"＊"号的重点考评项目。

书面审查的重点内容包括如下八个方面:

(1)计量标准器及配套设备的配置;

(2)计量标准的溯源性及检定或校准证书;

(3)计量标准的主要计量特性;

(4)计量检定规程或技术规范;

(5)原始记录、数据处理、检定或校准证书;

(6)《计量标准技术报告》;

(7)检定或校准人员;

(8)计量标准具有相应测量能力的其他技术资料。

1.计量标准器及配套设备的配置

计量标准(含计算机软件)的配备应严格执行计量检定规程或计量校准规范,当所配备的计量标准不能覆盖规程要求的所有被检器具类型或测量范围或准确度等级时,应在申请开展的检定项目中,对开展的计量器具、测量范围、准确度等级(或示值误差限)等予以限制。

如:千分尺检定规程中包含外径千分尺,板厚、壁厚千分尺,数显千分尺的检定。检定数显千分尺校对用量杆尺寸时需要配备三等量块和立式接触式干涉仪或测长机,如果所建"检定测微量具标准器组"计量标准中,没有配置这些,就不能开展数显千分尺的检定。

一些计量标准是由计量标准器及主要配套设备组合成的计量装置,对于这些计量标准,如果整套装置的计量特性满足计量检定规程或校准规范的要求,可对装置整体性能进行核查,满足预期要求,则认为配置合格。类似这种能够按照装置考核的可以简化为按装置考核。

还有一些计量标准,构成非常简单、准确度等级低、环境条件要求不高,只要按照检定规程的要求配齐标准就可以了,不要过高地提出要求。

计量标准器及配套设备的书面审查,按照本书第四章第二节的要求进行。

计量标准复查时,如果计量检定规程发生了变化,标准器的主要性能或准确度等级发生了变化,应按照要求重新配置计量标准器。

在核查书面材料时应注意,有些计量标准所配的配套设备很多,在"申请书"或《计量标准技术报告》有限的栏目中不能填全时,可以在"申请书"或《计量标准技术报告》中只填写对测量结果影响较大的配套设备。但是其余的配套设备均应该在《计量标准履历书》中体现。

2.计量标准的溯源性及检定或校准证书

计量标准应当定期、定点经法定计量检定机构或专项计量授权机构检定合格,没有计量检定规程的,应当通过校准方式进行有效溯源。计量标准的溯源性要求按照《细则》第 6 条"计量标准的量值溯源"和本书第四章第三节的规定审查。

在执行过程中应当注意在原则下的灵活性。如:在对某一计量标准进行书面审查时发现,计量标准器的检定证书中的检定日期较上次检定的有效期拖后了 1 个月,也就是通常所说的计量检定证书的检定周期不连续。对于这种情况,我们要慎重对待,不要轻易下不连续的结论。经过核查若能判定是由于上级计量标准器恰好是在送检期间或其他由于上级部门的原因造成检定周期的不连续,按照国家对计量检定机构规定的检定期限,只要不超过 40 个工作日,即可按连续溯源处理。

计量标准器及配套设备的溯源证明文件(检定/校准证书)在计量标准考核证书有效期内应当连续、有效。如果出现不连续的现象,计量标准复查时,应按照新建计量标准进行考核,对重新考核合格的计量标准,有效期缩短为两年。

3. 计量标准的主要计量特性

计量标准的主要计量特性包括计量标准的测量范围、计量标准的不确定度或准确度等级或最大允许误差、计量标准的重复性、计量标准的稳定性、计量标准的其他计量特性(如灵敏度、鉴别力、分辨力、漂移、滞后、响应特性、动态特性等)。

其中计量标准的重复性、计量标准的稳定性属于可简化考核项目,而计量标准的稳定性考核的前提是存在量值稳定的核查标准。如果不存在量值稳定的核查标准,可以不进行稳定性考核,只需填写计量标准器的稳定性考核记录表,并加以判断即可。

在《细则》表 4 中,对计量标准的重复性、计量标准的稳定性是否需要考核给出了明确规定,书面审查时参照该表和本书本章第二节的要求进行。

4. 计量检定规程或技术规范

计量检定必须依据国家计量检定规程,如无国家计量检定规程,可依据国务院有关主管部门和省、自治区、直辖市人民政府计量行政部门分别制定,并向国务院计量行政部门备案的部门计量检定规程和地方计量检定规程。当部门和地方的计量检定规程需要跨部门或跨地方使用时,需要转化为本部门或本地方的计量检定规程。

计量校准,应根据顾客的要求选择适当的技术文件。首选是国家计量校准规范。如无国家计量校准规范,可使用公开发布的国际的、地区的或国家的技术标准或技术规范,或依据计量检定规程中的相关部分,或选择在专业内部有相当影响的有权威的技术组织或有关科学书籍和期刊最新公布的方法,或设备制造商指定的方法。还可以使用自编的校准方法文件。这种自编的校准方法文件应依据 JJF 1071—2010《国家计量校准规范编写规则》进行编写,经确认后,连同所依据的技术规范和试验验证结果,报主持考核单位申请考核。

审查时应注意,在对社会开展量值传递或量值溯源的过程中,一般情况下优先使用国家计量检定规程(顾客要求除外),当没有国家计量检定规程时,可以使用国家的校准规范。没有国家检定规程或校准规范时,方可以使用部门或地方的计量检定规程(或其他技术规范),但是应当将部门和地方的计量检定规程转化为本部门或本地方的计量检定规程,并经过确认(或对其他技术规范确认),报主持考核的质量技术监督部门备案。

计量授权单位对社会开展量值传递时,必须遵守上述规定。

无论使用计量检定规程还是校准规范,都必须是现行有效的版本。

5. 原始记录、数据处理、检定或校准证书

1)原始记录

每一次检定或校准的最原始的信息,就是检定、校准的原始记录。检定或校准的结果

和证书、报告都来自这些原始记录，其所承担的法律责任也来自这些原始记录。因此，原始记录的地位十分重要，在书面审查时应按照下面的要求，重点审查记录的真实性和信息量。

（1）原始记录的真实性要求：原始记录必须是当时记录的，不能事后追记或补记，也不能以重新抄过的记录代替原始记录。必须记录客观事实，如直接观察到的现象、读取的数据，不得虚构记录，伪造数据。

（2）原始记录的信息量要求：原始记录必须包含足够的信息，包括各种影响测量结果不确定度的因素在内，例如使用的计量标准器具和其他仪器设备、测量项目、测量次数、每次测量的数据、环境参数值、数据的计算处理过程、测量结果的不确定度及相关信息、检定或校准和核验人员等，以保证检定或校准能够在尽可能与原来接近的条件下复现。原始记录应含的信息应符合本书第三章第二节的要求。

2）数据处理

在检定、校准中所获得的数据，应遵循所依据的规程、规范等文件中的要求和方法进行处理，包括数值的计算、换算和计算结果的修约等，数据处理应正确。书面审核时应按照相应的规程、规范的要求，对测量不确定度的表达是否正确进行审查，对所报材料中的检定数据认真核查、计算。

3）检定或校准证书

（1）格式：证书的格式应适用于所进行的计量检定、校准工作，并尽量减少产生误解或误用的可能性。对于法定计量检定机构或授权的计量技术机构，所用证书的封面格式应符合国质检量函［2005］861号通知要求。

（2）内容：要求术语规范、用字正确、无遗漏、无涂改，数据准确、清晰、客观，信息完整全面。

（3）结论：检定证书给定的结论必须准确无误。检定结论为合格的，应填写计量"检定证书"，给出检定结论"合格"；如有准确度等级要求，应注明准确度等级，或在"合格"前冠以准确度等级。经检定不合格的，应出具"检定结果通知书"，其结论为"不合格"或"见检定结果"。如果采用的是校准方式，应出具"校准证书"（或"校准报告"），给出每一个校准参数的结果数据及其测量不确定度。

（4）签名：检定或校准证书应实行三级签名制，检定人员或校准人员、核验人员和批准人员均应签名。检定和核验人员必须取得相应项目的《计量检定员证》或者取得《注册计量师资格证书》和质量技术监督部门颁发的相应项目的《注册计量师注册证》，审核和批准必须由经考核合格的授权签字人实施，未经授权的人员不得签字。三级签名不允许代签。

（5）印章：开展计量检定工作，必须按照《计量检定印、证管理办法》的规定，出具"检定证书"或加盖检定印，结论准确，内容符合要求；"校准证书"应当加盖校准机构的校准专用章。

（6）检定日期："检定证书"应给出检定日期和有效期；"检定结果通知书"只给出检定日期，不给有效期；"校准证书"（或"校准报告"）可以按照校准规范的规定给出校准间隔。一般地，"校准证书"上不给出校准间隔建议，除非顾客有要求。

（7）不许涂改：证书不允许有任何涂改现象。

6.《计量标准技术报告》

按照本书第五章第二节的要求进行书面审核。

7.检定或校准人员

每个检定、校准项目至少应有 2 名符合资质要求的计量技术人员。2008 年新的《计量检定人员管理办法》规定,应当取得《计量检定员证》或者取得《注册计量师资格证书》和质量技术监督部门颁发的相应项目的《注册计量师注册证》。

授权机构的计量检定人员从事授权项目的计量检定工作,必须取得质量技术监督部门颁发的《计量检定员证》或者取得《注册计量师资格证书》和质量技术监督部门颁发的相应项目的《注册计量师注册证》。如果没有取得质量技术监督部门颁发的相关证件,可以通过现场考核的方式考取。

8. 计量标准具有相应测量能力的其他技术资料

其他的技术资料包括盲样比对试验记录、稳定性考核记录、重复性试验记录、统计控制图、实验室之间的比对记录等。

(二) 书面审查结果的处理

考评员对申请考核单位提供的申请资料进行书面审查的结果,通常有以下三种情况:一是申请考核单位提供的申请资料符合考核要求;二是申请考核单位提供的申请资料基本符合考核要求,但存有一些问题或不太完善;三是申请考核单位提供的申请资料存在重大的或难以解决的问题。对不同结果有不同的处理方式。

1. 新建计量标准

新建计量标准书面审查结果的处理有如下三种方式:

(1)基本符合考核要求的, 安排现场考评。

(2)存有一些小问题或某些方面不太完善,考评员应当与申请考核单位交流,申请考核单位经过补充、修改、完善,解决了存在问题的,则安排现场考评。

(3)如果发现计量标准存在重大的或难以解决的问题,考评员与申请考核单位交流后,确认计量标准测量能力不符合考核要求,则考评不合格。

2. 计量标准复查考核

计量标准复查考核书面审查结果的处理有如下四种方式:

(1)符合考核要求,则考评合格。

(2)基本符合考核要求,存在部分缺陷的,考评员应当与申请考核单位进行交流,申请考核单位经过补充、修改、完善,符合考核要求的, 则考评合格。

(3)对计量标准的检定或校准能力有疑问,考评员与申请考核单位交流后仍无法消除疑问,或者已经连续两次采用了书面审查方式进行复查考核的,应当安排现场考评。

(4)存在重大的或难以解决的问题,考评员与申请考核单位交流后,确认计量标准的检定或校准能力不符合考核要求,则考评不合格。

二、现场考评

现场考评是考评员通过现场观察、资料核查、现场试验和现场提问等方法,对计量标准的测量能力进行确认。现场考评以现场试验和现场提问作为考评重点。现场考评的时间一般为 1~2 天。

(一) 现场考评的内容

计量标准现场考评的内容为《计量标准考评表》中的六个方面共 30 项;计量标准现场考评时,考评员应当按照《计量标准考评表》的内容逐项进行审查和确认。

(二) 现场考评的程序和方法

1. 首次会议

首次会议是实施现场考评的第一次会议,主要内容为考评组组长宣布考评项目和考评组成员分工,明确考核的依据、现场考评程序和要求,确定考评日程安排和现场试验的内容以及操作人员名单;申请考核单位主管人员介绍本单位概况和计量标准考核准备工作情况。

首次会议由考评组组长主持,考评组全体成员、申请考核单位主管人员、被考核项目的计量标准负责人和项目组成员参加,时间一般不超过半小时。

首次会议的主要议程:

(1) 双方介绍出席会议的人员的工作单位、姓名等基本信息;

(2) 考评组组长或考评员宣布考评项目和考评组成员分工,明确考核的依据、现场考评程序和要求,确定考评日程安排和现场试验的内容以及操作人员名单;

(3) 申请考核单位主管人员介绍本单位概况和计量标准考核准备工作情况;

(4) 确认考评工作安排中不明确的事项。

2. 现场观察

首次会议结束后,考评组成员在申请考核单位有关人员的陪同下对考评项目的相关场所进行现场观察。通过观察,了解计量标准器及配套设备、环境条件及设施等方面的情况,为进入考评作好准备。

3. 申请资料的核查

考评员应当按照《计量标准考评表》的内容对申请资料的真实性进行现场核查,核查时应当对重点考核项目以及书面审查没有涉及的项目予以重点关注。

4. 现场试验和现场提问

检定或校准人员使用被考核的计量标准对考评员指定的测量对象进行检定或校准。根据实际情况,考评员可以选择自带盲样、使用被考核单位的核查标准、使用经申请考核单位检定或校准过的计量器具作为测量对象。现场试验时,考评员应对检定或校准操作程序、过程、采用的检定或校准方法进行考评,并通过现场试验数据确认计量标准测量能力。考评员在观察现场试验过程的同时,对参加考核的人员就有关专业理论、计量检定规程或技术规范中有关的问题以及考核中发现的问题进行提问,考察检定或校准人员的专业理论水平。

1) 现场试验测量对象的选择

根据实际情况可以选择盲样、被考核单位的核查标准,或从申请考核单位的仪器收发室中,挑选近期已检定或校准过的外单位送检仪器作为测量对象。三种测量对象的选择顺序是:最佳的测量对象是考评员自带的盲样;在考评员无法自带盲样的情况下,可以使用申请考核单位的核查标准,或近期已检定或校准过的外单位送检仪器。

2）现场试验的方法

检定或校准考评员自带盲样时，由考评员指定的人员使用被考核的计量标准对盲样进行检定或校准。

检定或校准申请考核单位的核查标准或从申请考核单位的仪器收发室挑选外单位送检仪器作为测量对象时，可以分别采用多个人员比对法、多套标准比对法或与前次检定或校准结果比对等方法进行现场试验考核。

《细则》涉及的28项计量标准，除了4项简化考核项目，有24项需要进行现场试验。除其中"方箱检定装置"、"平尺、平板检定装置"、"检定光学仪器标准器组"可以不带盲样外，其余的均应采用自带盲样的方式进行现场试验。

3）现场试验的人员选择

参加现场试验的人员由考评员从《计量标准考核（复查）申请书》中填写的检定或校准人员中选择。采用多人比对法进行现场试验时，考评员可以从申请考核单位中持有该项目检定员证的人员中再选取。

4）现场试验过程的考评

考评员应从检定或校准方法是否正确，操作过程是否规范、是否熟练等方面进行考评。考评员应在考核现场观察记录检定或校准人员的试验过程，并确定是否能满足计量检定规程或技术规范的要求。

5）现场试验结果的评价

（1）检定或校准考评员自带盲样，盲样的参考值与现场测量结果由上下两级不同等级的标准所测，采用的是检定或校准结果验证中的传递比较法。两值之差应不大于两级标准的扩展不确定度（U_{95}或U，$k=2$，下同）的方和根。若现场测量结果和盲样的参考值分别为 y 和 y_0，它们的扩展不确定度分别为 U 和 U_0，则应满足：

$$|y - y_0| \leqslant \sqrt{U^2 + U_0^2}$$

（2）若采用被考核单位的核查标准或已检定或校准过的仪器作为测量对象，由于是在同一实验室内采用同一种方法进行测量，故所得的测量结果 y_1、y_2 的测量不确定度分量相同。而对于我们要判断的 $\Delta y = y_1 - y_2$ 来说，Δy 的扩展不确定度中所有分量分为两部分，其中随机效应由于其不相关起了两次作用，而系统效应引入的不确定度分量在测量过程中是完全相关的，对测量结果 Δy 的测量不确定度 $U(\Delta y)$ 没有贡献，所以分析其不确定度分量时应考虑将其剔除，使测量不确定度 U 变为 U'，即 $|y_1 - y_2| \leqslant \sqrt{2} U'$。

现场试验时我们只需判断两次测量结果之差 $\Delta y = y_1 - y_2$ 是否满足 $|y_1 - y_2| \leqslant \sqrt{2} U'$ 即可。

完成现场试验后，应将与现场试验有关的原始记录附在《计量标准考评表》上。

6）现场提问的内容

现场提问的内容主要包括本专业基本理论方面的问题、计量检定规程或技术规范中有关的问题、操作技能方面的问题以及考核中发现的问题。

5. 末次会议

末次会议由考评组组长主持，考评组全体成员、申请考核单位主管人员、被考核项目的计量标准负责人和项目组成员参加。会议先由考评员或考评组组长通报考评情况,并对考评中发现的主要问题加以说明,然后双方进行交流,确认考评结果。如双方在技术上存在重大不同意见,可通过书面形式予以记载,交组织考核的质量技术监督部门。组长宣布考评结论,确认不符合项和缺陷项,提出整改要求和期限。最后申请考核单位主管领导或计量标准负责人应对考评结果和整改工作表述意见。

第四节　考评结果处理

考评员在考评时应当正确填写《计量标准考核报告》,对于来自《计量标准考核(复查)申请书》、《计量标准技术报告》中的有关内容,例如:计量标准的主要计量特性、计量标准器及主要配套设备、可开展的检定或校准项目等信息,应在被考核单位对照相应的实物和资料逐一进行审查确认后,再将正确的内容填写到《计量标准考核报告》上去。如有不一致,对《计量标准考核(复查)申请书》、《计量标准技术报告》中相应内容一并修改。考评结束前,考评员应当完成《计量标准考核报告》的编写,并填写考评结论及意见。

填写《计量标准考核报告》中"可开展的检定或校准项目"时,需要注意:

(1)当所配备的计量标准不能覆盖规程要求的所有被检器具类型时,应对可开展的计量器具、测量范围、准确度等级(或示值误差限)等予以限制。

如:在"检定测微量具标准器组"中如果没有配置三等相应尺寸的量块来检定数显千分尺校对用量棒,数显千分尺是不能开展检定的。在可开展的被检项目中就不能笼统地写成可以开展千分尺的检定工作,而应写成,可以开展(0~500)mm 外径千分尺,(0~25)mm 板厚、壁厚千分尺的检定(参看附录4 实例3 检定测微量具标准器组考核报告)。

(2)申请单位所建计量标准的准确度等级较高,按照检定规程的要求,可以开展准确度由高等级至低等级的工作计量器具检定。但本单位不存在高等级的被检计量器具时,不予对高等级的计量器具批准开展工作,仅对本单位具有等级的计量器具准予开展检定。

如:某单位建立的"直角尺检定装置",经考核,本可开展0级及以下直角尺的检定。但是,被考核单位没有0级直角尺,只有1级、2级直角尺。在可开展的检定项目中,只给出可以开展1级、2级直角尺的检定,而不给0级直角尺的检定。

如果存在不符合项或缺陷项,考评员应当填写《计量标准整改工作单》。申请考核单位应当按照《计量标准整改工作单》的要求进行整改,将整改结果反映在《计量标准整改工作单》上,并加盖申请考核单位公章。申请考核单位应当在规定的截止整改日期前将《计量标准整改工作单》连同整改的证明材料送达考评员。

考评员对申请考核单位提供的整改证明材料进行审查,对不符合项和缺陷项的纠正措施进行跟踪、确认,必要时可以到现场核查。审查完毕后,在《计量标准整改工作单》上的"考评员确认签字"栏签名。考评员应在《计量标准考核报告》中如实记载申请考核单位整改不符合项或缺陷项的整个过程(参看附录4 实例2 平面平晶标准装置考核报告)。

完成考评后,考评员将《计量标准考核报告》及申请资料交回考评单位或考评组组长。提交的文件应当正确完整,应提交的文件目录为:

(1)《计量标准考核报告》(包括《计量标准考评表》,如果有整改,还包括《计量标准整改工作单》)。

（2）由申请考核单位提供的全部申请资料,申请新建计量标准需提供的资料有 6 项,申请计量标准复查的资料有 11 项,如《计量标准考核(复查)申请书》等。

（3）如果是现场考评,需提交现场试验原始记录及相应的检定或校准证书一套。

（4）如果有整改,还需要提交申请考核单位的整改材料。

第五节　《计量标准考核报告》的编制

《计量标准考核报告》是计量标准考评员在计量标准考核或复查时必须填写的重要技术文件,计量标准考评员填写时必须真实、客观、正确。

一、《计量标准考核报告》格式

《计量标准考核报告》格式见 JJF 1033—2008《计量标准考核规范》附录 J、附录 J-1 和附录 J-2。

二、《计量标准考核报告》的填写与使用说明

《计量标准考核报告》包括正文和两个附件(即《计量标准考评表》和《计量标准整改工作单》)。所有计量标准考核必须填写《计量标准考核报告》。《计量标准考核报告》必须包括正文《计量标准考评表》;只有需要整改时,才要求填写《计量标准整改工作单》。《计量标准考核报告》的主体内容由承担考评的计量标准考评员填写,考评单位或考评组、组织和主持考核的质量技术监督部门的负责人应签署意见。考评时,计量标准考评员根据考评情况在《计量标准考评表》的"考评结果"栏目下相应的位置打"√"。其他有必要说明的事宜填写在"考评记事"中。

《计量标准考核报告》要求用计算机打印或墨水笔填写。

《计量标准考核报告》无计量标准考评员签字无效。

《计量标准考核报告》的填写要点和具体要求如下。

（一）封面

1.“[　]　量标　证字第　号”

新建计量标准申请考核时不必填写,复查考核时,根据主持考核的质量技术监督部门签发的《计量标准考核证书》填写该编号。

2.“考评项目编号”

填写组织考核的质量技术监督部门下达给考评单位或考评组计划任务书上相应考评项目的编号。

3.“考评员姓名”

填写承担计量标准考评的考评员和技术专家的姓名。

4.“联系电话”

填写承担计量标准考评的考评员和技术专家的办公电话或手机号码。

5."考评单位"

填写承担计量标准考评任务单位的全称。

6."考评方式"

考评方式分为书面审查和现场考评,根据实际情况在相应的"□"内打"√"。如果只是通过书面审查进行计量标准考评,则在"书面审查"前面的"□"内打"√";如果进行了现场考评,则在"书面审查"和"现场考评"前面的"□"内均要打"√"。

其他栏目和《计量标准考核(复查)申请书》相同,填写时与其一致。

(二)《计量标准考核报告》内容

所有和《计量标准考核(复查)申请书》相同的栏目,填写时与其一致,考评员应对《计量标准考核(复查)申请书》相应栏目进行审查并确认。

1."计量标准考核证书号"

申请新建计量标准时不必填写,申请计量标准复查时应填写原《计量标准考核证书》的编号。

2."考评结论及意见"

1)考评意见

完成考评工作后,考评员应将考评意见填入本栏目空白处。考评意见应包括对《计量标准考评表》中4.1～4.6六个条款考核情况的概括总结,对可开展的检定或校准项目进行界定。

2)考评结论

考评结论分为合格、需要整改和不合格。根据具体情况填写考评结论,并在相应的"□"内打"√"。

如果选择"需要整改",考评员应填《计量标准整改工作单》。

考评员应在考评结论及意见栏签字,并注明签字日期。若有整改,签字日期应为整改工作完成的日期。

3."考评员信息"

填写"考评员姓名"、"工作单位"、"考评员级别"、"考评员证号"、"核准考评项目"及"联系方式(电话、E－mail)"等考评员信息。

参加考评的专家也应同样填写有关信息,可在"考评员级别"栏填"专家","考评员证号"和"核准考评项目"两栏可以不填。

4."整改的验收及考评结论"

如果考评结论为"需要整改",则填写本栏。

1)整改的验收意见

考评员审查《计量标准整改工作单》和申请考核单位提交的整改资料后,应将整改的验收意见填入本栏目空白处。

2)考评结论

考评结论分为合格和不合格。根据具体情况填写考评结论,并在相应的"□"内打"√"。

若有需要说明的情况,在"需要说明的内容"后填写。

考评员应在考评结论及意见栏签字,并注明签字日期。

5."考评单位或考评组意见"

如果是考评单位承担考评任务,考评单位有关负责人应对考评员的考评签署意见并签名和加盖考评单位的公章;如果是考评组承担考评任务,考评组组长应对考评员的考评签署意见并签名。

6."组织考核的质量技术监督部门意见"

组织考核的质量技术监督部门有关负责人对考评单位或考评组的考评签署意见,并签名和加盖公章。

7."主持考核的质量技术监督部门审批意见"

由主持考核的质量技术监督部门审批,审批人应签署意见并签名和加盖主持考核的质量技术监督部门的公章。

(三)《计量标准考核报告》实例

《计量标准考核报告》实例见附录4。

附　录

附录 1

《计量标准考核(复查)申请书》实例

实例 1　三等量块标准装置

计量标准考核(复查)申请书

[　　]　量标　证字第　　　号

计量标准名称：＿＿＿＿＿三等量块标准装置＿＿＿＿＿

计量标准代码：＿＿＿＿＿＿01313333＿＿＿＿＿＿

申请考核单位：＿×××××××××××××＿

组织机构代码：＿＿＿＿＿×××＿＿＿＿＿

单 位 地 址：＿＿＿×××××××＿＿＿

邮 政 编 码：＿＿＿××××××＿＿＿

联 系 人：＿＿＿×××＿＿＿

联 系 电 话：＿＿＿××××××××＿＿＿

×××××年××月××日

计量标准名称	三等量块标准装置		计量标准考核证书号	[　] 量标　证字第　　号		
存放地点	××××		计量标准总价值(万元)	××		
计量标准类别	☑社会公用 □计量授权		□部门最高 □计量授权	□企事业最高 □计量授权		
前两次复查时间和方式	××××年××月××日	☑书面审查 ☑现场考评	××××年××月××日	☑书面审查 ☑现场考评		
测量范围	(0.5～500)mm					
不确定度或准确度等级或最大允许误差	标准量块　三等 接触式干涉仪　MPE：±(0.03+1.5$ni\Delta\lambda/\lambda$)μm 测长机　MPE：±0.25μm					

	名称	型号	测量范围	不确定度或准确度等级或最大允许误差	制造厂及出厂编号	检定周期或复校间隔	末次检定或校准日期	检定或校准机构及证书号
计量标准器	量块	83 块	(0.5～100)mm	三等	×× ××	1 年	××	×× ××
	量块	20 块	(5.12～100)mm	三等	×× ××	1 年	××	×× ××
	量块	大 8 块	(125～500)mm	三等	×× ××	1 年	××	×× ××
	量块	−10 块	(0.991～1.000)mm	三等	×× ××	1 年	××	×× ××
	量块	+10 块	(1.000～1.009)mm	三等	×× ××	1 年	××	×× ××
	量块	12 块	(10～291.8)mm	三等	×× ××	1 年	××	×× ××
主要配套设备	接触式干涉仪	JDS－1	(0～150)mm	MPE：±(0.03+1.5$ni\Delta\lambda/\lambda$)μm	×× 001	1 年	××	×× ××
	接触式干涉仪	JDS－1	(0～150)mm	MPE：±(0.03+1.5$ni\Delta\lambda/\lambda$)μm	×× 002	1 年	××	×× ××
	测长机	××	(0～1 000)mm	MPE：±0.25μm	×× ××	1 年	××	×× ××

	序号	项目	要求	实际情况	结论
环境条件及设施	1	温度	(20±0.3)℃	(20±0.3)℃	符合要求
	2	湿度	<65%RH	<65%RH	符合要求
	3	—	—	—	—

	姓名	性别	年龄	从事本项目年限	文化程度	核准的检定或校准项目	资格证书名称及注册编号	发证机关
检定或校准人员	×××	×	××	××	××	量块	〔 〕计检证豫字第××号	××省质量技术监督局
	×××	×	××	××	××	量块	〔 〕计检证豫字第××号	××省质量技术监督局
	—	—	—	—	—	—	—	—

	序号	名称	是否具备	备注
	1	计量标准考核证书(如果适用)	是	
	2	社会公用计量标准证书(如果适用)	是	
	3	计量标准考核(复查)申请书	是	
	4	计量标准技术报告	是	
	5	计量标准的重复性试验记录	是	
	6	计量标准的稳定性考核记录	是	
	7	计量标准更换申报表(如果适用)	否	不适用
	8	计量标准封存(或撤销)申报表(如果适用)	否	不适用
	9	计量标准履历书	是	
	10	国家计量检定系统表(如果适用)	是	
	11	计量检定规程或技术规范	是	
文件集登记	12	计量标准操作程序	是	
	13	计量标准器及主要配套设备使用说明书(如果适用)	是	
	14	计量标准器及主要配套设备的检定证书或校准证书	是	
	15	检定或校准人员的资格证明	是	
	16	实验室的相关管理制度	是	
	16.1	实验室岗位责任制度	是	
	16.2	计量标准使用维护管理制度	是	
	16.3	量值溯源管理制度	是	
	16.4	环境条件及设施管理制度	是	
	16.5	计量检定规程或技术规范管理制度	是	
	16.6	原始记录及证书管理制度	是	
	16.7	事故报告管理制度	是	
	16.8	计量标准文件集管理制度	是	
	17	开展检定或校准工作的原始记录及相应的检定或校准证书副本	是	
	18	可以证明计量标准具有相应测量能力的其他技术资料	是	

	名称	测量范围	不确定度或准确度 等级或最大允许误差	所依据的计量检定规程 或技术规范的代号及名称
拟开展的检定或校准项目	量块	(0.5~100)mm	四等及以下	JJG 146—2011 量块检定规程
	量块	(5.12~100)mm	四等及以下	JJG 146—2011 量块检定规程
	量块	(125~500)mm	四等及以下	JJG 146—2011 量块检定规程
	量块	(0.991~1.000)mm	四等及以下	JJG 146—2011 量块检定规程
	量块	(1.000~1.009)mm	四等及以下	JJG 146—2011 量块检定规程
	量块	(10~291.8)mm	四等及以下	JJG 146—2011 量块检定规程

申请考核 单位意见	该项目资料齐全,同意提交考核。 负责人签字: （公章） 年 月 日
申请考核 单位主管 部门意见	同意申报考核。 （公章） 年 月 日
主持考核 （复查） 质量技术 监督部门 意见	同意受理。 （公章） 年 月 日
组织考核 （复查） 质量技术 监督部门 意见	同意安排考核。 （公章） 年 月 日

实例2 平面平晶标准装置

计量标准考核(复查)申请书

[ ] 量标 证字第 号

计量标准名称:_____平面平晶标准装置_____

计量标准代码:_____01518200_____

申请考核单位:_____×××××××_____

组织机构代码:_____×××××××_____

单 位 地 址:_____×××××××_____

邮 政 编 码:_____××××××_____

联 系 人:_____×××_____

联 系 电 话:_____×××××××_____

××××年 ××月××日

计量标准名称	平面平晶标准装置			计量标准考核证书号		[ ] 量标 证字第 号		
存放地点	××××			计量标准总价值(万元)		××		
计量标准类别	☑社会公用 □计量授权			□部门最高 □计量授权		□企事业最高 □计量授权		
前两次复查时间和方式	××××年××月××日			☑书面审查 □现场考评	××××年××月××日	☑书面审查 ☑现场考评		
测量范围	<D150 mm							
不确定度或准确度等级或最大允许误差	标准平晶 二等 平面等厚干涉仪 MPE：±0.035 μm 立式光学计 MPE：±0.25 μm							

计量标准器	名称	型号	测量范围	不确定度或准确度等级或最大允许误差	制造厂及出厂编号	检定周期或复校间隔	末次检定或校准日期	检定或校准机构及证书号
	平面平晶	D150 mm	<D150 mm	二等	×× ××	1 年	××	×× ××
主要配套设备	平面等厚干涉仪	C4－1	φ(30～140) mm	MPE：±0.035 μm	×× ××	1 年	××	×× ××
	立式光学计	××	(0～180) mm	MPE：±0.25 μm	×× ××	1 年	××	×× ××
	量块	83 块	(0.5～100) mm	五等	×× ××	1 年	××	×× ××

	序号	项目	要求	实际情况	结论
环境条件及设施	1	温度	(20±3)℃ 室温变化 ≤0.5℃/h	(20±1)℃ 室温变化 ≤0.5℃/h	合格
	2	湿度	≤80%RH	≤80%RH	合格
	3	—	—	—	—

	姓名	性别	年龄	从事本项目年限	文化程度	核准的检定或校准项目	资格证书名称及注册编号	发证机关
检定或校准人员	×××	×	××	××	××	平面度和直线度	[ ]计检证豫字第××号	××省质量技术监督局
	×××	×	××	××	××	平面度和直线度	[ ]计检证豫字第××号	××省质量技术监督局
	—	—	—	—	—	—	—	—

	序号	名称	是否具备	备注
文件集登记	1	计量标准考核证书(如果适用)	是	
	2	社会公用计量标准证书(如果适用)	是	
	3	计量标准考核(复查)申请书	是	
	4	计量标准技术报告	是	
	5	计量标准的重复性试验记录	是	
	6	计量标准的稳定性考核记录	是	
	7	计量标准更换申报表(如果适用)	否	不适用
	8	计量标准封存(或撤销)申报表(如果适用)	否	不适用
	9	计量标准履历书	是	
	10	国家计量检定系统表(如果适用)	是	
	11	计量检定规程或技术规范	是	
	12	计量标准操作程序	是	
	13	计量标准器及主要配套设备使用说明书(如果适用)	是	
	14	计量标准器及主要配套设备的检定证书或校准证书	是	
	15	检定或校准人员的资格证明	是	
	16	实验室的相关管理制度	是	
	16.1	实验室岗位责任制度	是	
	16.2	计量标准使用维护管理制度	是	
	16.3	量值溯源管理制度	是	
	16.4	环境条件及设施管理制度	是	
	16.5	计量检定规程或技术规范管理制度	是	
	16.7	原始记录及证书管理制度	是	
	16.8	事故报告管理制度	是	
	16.9	计量标准文件集管理制度	是	
	17	开展检定或校准工作的原始记录及相应的检定或校准证书副本	是	
	18	可以证明计量标准具有相应测量能力的其他技术资料	是	

拟开展的检定及校准项目	名称	测量范围	不确定度或准确度等级或最大允许误差	所依据的计量检定规程或技术规范的代号及名称
	平面平晶	D(30～100) mm	1级、2级	JJG 28—2000 平晶检定规程
	平行平晶	Ⅰ、Ⅱ、Ⅲ、Ⅳ系列	平行度: MPE:(0.6～1.0)μm 平面度: MPE:0.1μm	JJG 28—2000 平晶检定规程

申请考核单位意见	该项目资料齐全,同意提交考核。 负责人签字:　　　　　　　　　（公章） 　　　　　　　　　　　　　　　年　月　日
申请考核单位主管部门意见	同意申报考核。 （公章） 年　月　日
主持考核（复查）质量技术监督部门意见	同意受理。 （公章） 年　月　日
组织考核（复查）质量技术监督部门意见	同意安排考核。 （公章） 年　月　日

实例 3 检定测微量具标准器组

计量标准考核(复查)申请书

[   ] 量标 证字第   号

计量标准名称:___检定测微量具标准器组___

计量标准代码:_____01315400_____

申请考核单位:____×××××××____

组织机构代码:_____×××××_____

单 位 地 址:____×××××××××____

邮 政 编 码:_____××××××_____

联 系 人:_____×××_____

联 系 电 话:____×××××××××____

×××年××月××日

计量标准名称	检定测微量具标准器组		计量标准考核证书号		[ ] 量标 证字第 号			
存放地点	××××		计量标准总价值（万元）		××			
计量标准类别	☑社会公用 □计量授权		□部门最高 □计量授权		□企事业最高 □计量授权			
前两次复查时间和方式	×××年××月××日		☑书面审查 ☑现场考评	×××年××月××日		☑书面审查 ☑现场考评		
测量范围	(5.12~500)mm							
不确定度或准确度等级或最大允许误差				标准量块 三等、四等				

	名称	型号	测量范围	不确定度或准确度等级或最大允许误差	制造厂及出厂编号	检定周期或复校间隔	末次检定或校准日期	检定或校准机构及证书号
计量标准器	量块	20块组	(5.12~100)mm	三等	×× ××	1年	××	×× ××
	量块	20块组	(5.12~100)mm	四等	×× ××	1年	××	×× ××
	量块	8块组	(125~500)mm	三等	×× ××	1年	××	×× ××
	量块	大8块组	(125~500)mm	四等	×× ××	1年	××	×× ××
主要配套设备	立式光学计	××	(0~180)mm	MPE: ±0.25 μm	×× ××	1年	××	×× ××
	接触式干涉仪	JDS-1	(0~150)mm	MPE: ±(0.03+1.5$ni\Delta\lambda/\lambda$)μm	×× ××	1年	××	×× ××
	测长机	××	(0~1 000)mm	MPE: ±0.25 μm	×× ××	1年	××	×× ××
	表面粗糙度比较样块	32块组	Ra(0.012~6.3)μm	MPE: (-17~+12)%	×× ××	1年	××	×× ××
	塞尺	100B	(0.02~1.00)mm	MPE: ±(0.005~0.016)mm	×× ××	半年	××	×× ××
	平行平晶	Ⅰ系列	(0~25)mm	两工作面的平行度: MPE: ≤0.6 μm	×× ××	1年	××	×× ××
	平行平晶	Ⅱ系列	(25~50)mm	两工作面的平行度: MPE: ≤0.6 μm	×× ××	1年	××	×× ××
	平行平晶	Ⅲ系列	(50~75)mm	两工作面的平行度: MPE: ≤0.8 μm	×× ××	1年	××	×× ××
	平行平晶	Ⅳ系列	(75~100)mm	两工作面的平行度: MPE: ≤1.0 μm	×× ××	1年	××	×× ××
	平面平晶	D60 mm	(0~60)mm	1级	×× ××	1年	××	×× ××
	测力计	××	(0~15)N	MPE: ±0.5%	×× ××	1年	××	×× ××
	杠杆千分表	0.2 mm	(0~0.2)mm	1级	×× ××	1年	××	×× ××
	工具显微镜	××	200 mm×100 mm	MPE: (1+L/100)μm	×× ××	1年	××	×× ××
	刀口尺	300 mm	(0~300)mm	MPE$_s$:3.0 μm	×× ××	1年	××	×× ××
	平板	1 000 mm×750 mm	1 000 mm×750 mm	0级	×× ××	1年	××	×× ××

	序号	项目	要求	实际情况	结论
	1	温度	(20±1)℃	(20±1)℃	符合要求
环境 条件 及设施	2	湿度	≤70%RH	≤70%RH	符合要求
	3	—	—	—	—

	姓名	性别	年龄	从事本 项目年限	文化程度	核准的检定 或校准项目	资格证书名称 及注册编号	发证机关
	×××	×	××	××	××	测微量具	〔 〕计检证 豫字第××号	××省质量 技术监督局
检定或校准人员	×××	×	××	××	××	测微量具	〔 〕计检证 豫字第××号	××省质量 技术监督局
	—	—	—	—	—	—	—	—

	序号	名称	是否具备	备注
文件集登记	1	计量标准考核证书(如果适用)	是	
	2	社会公用计量标准证书(如果适用)	是	
	3	计量标准考核(复查)申请书	是	
	4	计量标准技术报告	是	
	5	计量标准的重复性试验记录	否	列入《简化考核的计量标准目录》
	6	计量标准的稳定性考核记录	否	列入《简化考核的计量标准目录》
	7	计量标准更换申报表(如果适用)	是	
	8	计量标准封存(或撤销)申报表(如果适用)	否	不适用
	9	计量标准履历书	是	
	10	国家计量检定系统表(如果适用)	是	
	11	计量检定规程或技术规范	是	
	12	计量标准操作程序	是	
	13	计量标准器及主要配套设备使用说明书(如果适用)	是	
	14	计量标准器及主要配套设备的检定证书或校准证书	是	
	15	检定或校准人员的资格证明	是	
	16	实验室的相关管理制度	是	
	16.1	实验室岗位责任制度	是	
	16.2	计量标准使用维护管理制度	是	
	16.3	量值溯源管理制度	是	
	16.4	环境条件及设施管理制度	是	
	16.5	计量检定规程或技术规范管理制度	是	
	16.6	原始记录及证书管理制度	是	
	16.7	事故报告管理制度	是	
	16.8	计量标准文件集管理制度	是	
	17	开展检定或校准工作的原始记录及相应的检定或校准证书副本	是	
	18	可以证明计量标准具有相应测量能力的其他技术资料	是	

	名称	测量范围	不确定度或准确度 等级或最大允许误差	所依据的计量检定规程 或技术规范的代号及名称
拟开展的检定或校准项目	外径千分尺	(0~500)mm	MPE：±(4~13)μm	JJG 21—2008 千分尺检定规程
	数显千分尺	(0~500)mm	MPE：±(2~7)μm	JJG 21—2008 千分尺检定规程
	板厚、壁厚千分尺	(0~25)mm	MPE：±8 μm	JJG 21—2008 千分尺检定规程
	内径千分尺	(50~1 000)mm	MPE：±(0.006~ 0.022)mm	JJG 22—2003 内径千分尺 检定规程
	—	—	—	—

申请考核 单位意见	该项目资料齐全,同意提交考核。 　　　　　　　　　　　负责人签字：　　　　　　（公章） 　　　　　　　　　　　　　　　　　　　年　月　日
申请考核单位 主管部门意见	同意申报考核。 　　　　　　　　　　　　　　　　　　　（公章） 　　　　　　　　　　　　　　　　　　　年　月　日
主持考核(复查) 质量技术监督 部门意见	同意受理。 　　　　　　　　　　　　　　　　　　　（公章） 　　　　　　　　　　　　　　　　　　　年　月　日
组织考核(复查) 质量技术监督 部门意见	同意安排考核。 　　　　　　　　　　　　　　　　　　　（公章） 　　　　　　　　　　　　　　　　　　　年　月　日

附录2

《计量标准技术报告》实例

实例1 三等量块标准装置

计量标准技术报告

计量标准名称_____三等量块标准装置_____

计量标准负责人_____×××_____

建标单位名称(公章) _____×××××××_____

填写日期 _____××××年××月××日_____

目　录

一、建立计量标准的目的

　　计量工作的基本任务是保证计量单位的统一和量值传递的准确可靠。完成这一基本任务的主要手段是建立国家基准传递系统,将基准复现的单位量值逐级传递下去。长度计量的传递系统是以量块为基本传递标准的系统。

　　我院已建立了与国家基准相连接的二等量块标准装置,是全省最高社会公用计量标准,建立三等量块标准装置次级社会公用标准是把国家基准传递到各工矿企业的一个承上启下的重要环节,是保证我省长度量值传递的一个重要组成部分,负责我省各地市计量检测部门和工矿企业已建立的 20 多个四等量块标准装置的量值传递,承担着把国家长度基准准确传递到每个相关产品的责任,每年为我省工业生产创造了不菲的经济效益。

二、计量标准的工作原理及其组成

　　根据量块检定规程的要求,量块中心长度的检定方法主要有光波干涉方式的直接测量法和比较法两种,对于四等量块的检定使用比较法。三等量块标准装置使用三等量块作为标准器,采用相应准确度等级的比较仪作为主要配套设备。检定时将中心长度为 l_s 的标准量块放置在比较仪工作台上,测头对准量块中心,拨动拨叉数次,读数稳定后调零,再把被测量块放在工作台上,测头对准量块中心,拨动拨叉数次,读数稳定后读取长度差值 δ。被测量块的中心长度 $l = l_s + \delta$。测量其他位置的量块长度时,改为对准被测量块需要测量的位置。

　　我院三等量块标准装置的测量范围为 $(0.5 \sim 500)$ mm。主标准器有 83 块组、大 8 块组、20 块组、12 块组和 ±10 块组;主要配套设备有接触式干涉仪、测长机等。

三、计量标准器及主要配套设备

	名称	型号	测量范围	不确定度或准确度等级或最大允许误差	制造厂及出厂编号	检定或校准机构或检定证书号	检定周期或复校间隔
计量标准器	量块	83 块	(0.5～100)mm	三等	×× ××	×× ××	1 年
	量块	20 块	(5.12～100)mm	三等	×× ××	×× ××	1 年
	量块	大8块	(125～500)mm	三等	×× ××	×× ××	1 年
	量块	−10 块	(0.991～1.000)mm	三等	×× ××	×× ××	1 年
	量块	+10 块	(1.000～1.009)mm	三等	×× ××	×× ××	1 年
	量块	12 块	(10～291.8)mm	三等	×× ××	×× ××	1 年
	—	—	—	—	—	—	—
主要配套设备	接触式干涉仪	JDS－1	(0～150)mm	MPE：±(0.03 + $1.5ni\Delta\lambda/\lambda$)μm	×× 001	×× ××	1 年
	接触式干涉仪	JDS－1	(0～150)mm	MPE：±(0.03 + $1.5ni\Delta\lambda/\lambda$)μm	×× 002	×× ××	1 年
	测长机	××	(0～1000)mm	MPE：±0.25 μm	×× ××	×× ××	1 年
	—	—	—	—	—	—	—

四、计量标准的主要技术指标

    (1)计量标准器　三等量块($U_{99}=0.10$ μm$+1\times10^{-6}l_n$)

        测量范围:(0.5~500)mm

    (2)接触式干涉仪　MPE:$\pm(0.03+1.5ni\Delta\lambda/\lambda)$μm

        测量范围:(0~150)mm

    (3)测长机　MPE:±0.25 μm

        测量范围:(0~1000)mm

五、环境条件

序号	项目	要求	实际情况	结论
1	温度	(20 ± 0.3)℃	(20 ± 0.3)℃	符合要求
2	湿度	<65%RH	<65%RH	符合要求
3	—	—	—	—
4				
5				
6				

六、计量标准的量值溯源和传递框图

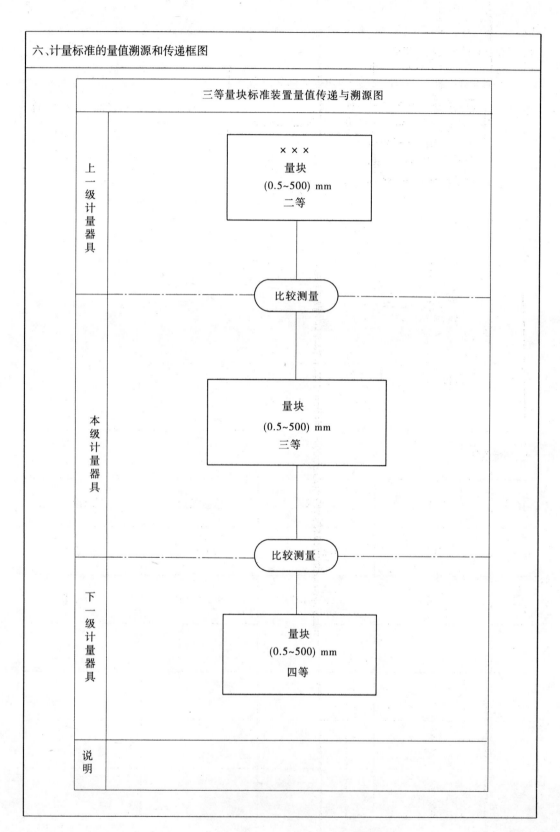

三等量块标准装置量值传递与溯源图

上一级计量器具	××× 量块 (0.5~500) mm 二等
本级计量器具	比较测量 量块 (0.5~500) mm 三等
下一级计量器具	比较测量 量块 (0.5~500) mm 四等
说明	

七、计量标准的重复性试验

在三等量块标准装置正常工作条件下,对四等 100 mm 量块,在重复性条件下测量 10 次,测量得到数值如下,通过计算得到该计量标准的重复性为 0.015 μm。

测量次数	测得值(μm)	残差 v_i(μm)	残差 v_i^2(μm)^2
1	0.23	−0.015	0.000225
2	0.25	+0.005	0.000025
3	0.23	−0.015	0.000225
4	0.24	−0.005	0.000025
5	0.26	+0.015	0.000225
6	0.26	+0.015	0.000225
7	0.26	+0.015	0.000225
8	0.26	+0.015	0.000225
9	0.24	−0.005	0.000025
10	0.22	−0.025	0.000625
$\bar{x}$	0.245	$\sum v_i^2$	0.002 050
重复性 $s = \sqrt{\dfrac{\sum\limits_{i=1}^{n} v_i^2}{n-1}}$		0.015 μm	

四等 100 mm 量块的重复性 $s = 0.015$ μm,小于该计量标准不确定度评定时所引用的重复性,该标准装置的重复性试验结果符合要求。

八、计量标准的稳定性考核

　　选标称值为 10 mm 的四等量块作为核查标准,用三等标准量块在重复性条件下对其测量 10 次,每间隔一段时间测量一次得到一组数据,测量四次共得到四组数据。

组数	第一组数据	第二组数据	第三组数据	第四组数据
比较仪上读取的数据（μm）	+0.07	+0.07	+0.07	+0.07
	+0.07	+0.07	+0.07	+0.09
	+0.07	+0.07	+0.07	+0.08
	+0.07	+0.07	+0.07	+0.07
	+0.07	+0.07	+0.06	+0.08
	+0.06	+0.07	+0.07	+0.08
	+0.06	+0.08	+0.06	+0.08
	+0.06	+0.07	+0.07	+0.08
	+0.07	+0.07	+0.07	+0.09
	+0.06	+0.06	+0.07	+0.08
$\bar{x}$（μm）	0.066	0.070	0.068	0.080

　　该计量标准在该段时间内的稳定性 $= 0.080 - 0.066 = 0.014$（μm）。

　　三等 10 mm 量块的扩展不确定度 $U = 0.11$ μm,$k = 2$。

　　由于 $0.014 < 0.11$ 成立,故三等量块标准装置在该时间段内稳定性考核合格。

九、检定或校准结果的测量不确定度评定

1 测量原理和方法

1.1 测量依据:JJG 146—2011 量块。

1.2 环境条件:温度(20 ± 0.3)℃,相对湿度$\leq 65\%$。

1.3 计量标准:$(0.5 \sim 500)$ mm 的三等量块,测量扩展不确定度不大于$(0.10 \ \mu m + 1 \times 10^{-6} l_n)$($l_n$ 以 m 为单位),包含因子 $k = 2.58$。

1.4 被测对象:$(0.5 \sim 500)$ mm 的四等量块。

1.5 测量原理和方法

　　四等量块的中心长度是以相同标称尺寸的三等量块作标准,在比较仪上用比较方法测量的。为使标准和被测量块的温度达到平衡,测量前两量块需同时放在比较仪的工作台上等温。测量时,先将对应于标准量块中心长度的仪器示值调整为零,再测得被测量块和标准量块中心长度差值。两次测量结果的算术平均值 d 与标准量块中心长度的实际值 l_s 之和即为被测量块中心长度的实测结果。

2 数学模型

$$l = l_s + d - l_s \alpha_s \Delta t - l_s \Delta \alpha (t - 20) - \delta_s(\Delta P_s) + \delta(\Delta P) \tag{1}$$

式中　t, α, l——被测量块的温度、线性热膨胀系数和在 20 ℃时的中心长度;

　　　　d——被测量块与标准量块中心长度差值的算术平均值。

　　　　下标有"s"者为对应标准量块的值,其中 $\Delta t = t - t_s$,$\Delta \alpha = \alpha - \alpha_s$。

　　由于量块中心长度的测量不确定度主要来源于 $l_s, d, t, \Delta \alpha, \Delta t, \alpha_s, \Delta P$ 等影响量,除 d 可通过大量的连续测量得到,采用 A 类方法评定外,其余不确定度分量均采用 B 类方法评定,并且相互间基本上独立无关。

　　合成标准不确定度表示为

$$u_c^2 = \sum_{i=1}^{n} \left(\frac{\partial l}{\partial x_i} \right)^2 u^2(x_i) \tag{2}$$

3 方差和灵敏系数

　　对式(1)中各影响量求偏导数,可得对应于各影响量的灵敏系数:

$$c_1 = \left| \frac{\partial l}{\partial l_s} \right| = 1 - \alpha_s \Delta t - \Delta \alpha(t - 20) \approx 1 \qquad c_2 = \left| \frac{\partial l}{\partial d} \right| = 1$$

$$c_3 = \left| \frac{\partial l}{\partial \alpha_s} \right| = l_s \Delta t \qquad c_4 = \left| \frac{\partial l}{\partial \Delta t} \right| = l_s \alpha_s$$

$$c_5 = \left| \frac{\partial l}{\partial \Delta \alpha} \right| = l_s(t - 20) \qquad c_6 = \left| \frac{\partial l}{\partial t} \right| = l_s \Delta \alpha$$

$$c_7 = \left| \frac{\partial l}{\partial(\Delta P_s)} \right| = \frac{h_s}{3.7} \qquad c_8 = \left| \frac{\partial l}{\partial(\Delta P)} \right| = \frac{h}{3.7}$$

式中　h_s、h——标准和被测量块的长度变动量。

　　因此,被测量块中心长度 l 合成标准不确定度 $u_c(l)$ 可表示为:

$$u_c^2(l) = c_1^2 u^2(l_s) + c_2^2 u^2(d) + c_3^2 u^2(\alpha_s) + c_4^2 u^2(\Delta t) + c_5^2 u^2(\Delta \alpha) + c_6^2 u^2(t) + c_7^2 u^2(\Delta P_s) + c_8^2 u^2(\Delta P)$$

$$\tag{3}$$

4 标准不确定度分量的评定

由于不确定度与量块长度有关,下面我们以 100 mm 量块为例来讨论。

4.1 标准量块中心长度 l_s 的测量不确定度 $u(l_s)$

三等量块的测量不确定度 $U_{99} = 0.10 \ \mu m + 1 \times 10^{-6} l_n$,包含因子按 $k = 2.58$ 计算,则标准不确定度 $u(l_s) = \dfrac{U_{99}}{2.58}$。有上级给出的三等量块的自由度 $v = 32$,于是对应的不确定度分量和自由度为:

$$u_1 = c_1 u(l_s) = 1 \times (0.10 + 1 \times 10^{-3} \times 100)/2.58 = 77.5 \ nm$$

$$v_1 = 32$$

4.2 算术平均值 d 的不确定度 $u(d)$

被测量块和标准量块中心长度差值的算术平均值 d 的不确定度主要来源于仪器不稳定性,可以通过重复读数来得到。任选取一 100 mm 量块,置于电脑量块比较仪上进行 10 次重复测量,得到测量列 0.23 μm、0.25 μm、0.23 μm、0.24 μm、0.26 μm、0.26 μm、0.26 μm、0.26 μm、0.24 μm、0.22 μm,则:

$$\bar{x} = \frac{1}{10} \sum_{i=1}^{10} x_i = 0.245 \ \mu m$$

单次实验标准差
$$s = \sqrt{\frac{\sum_{i=1}^{n} (x_i - \bar{x})^2}{10 - 1}} = 15.1 \ nm$$

实际测量时,干涉仪的读数由标准量块和被测量块的差构成,每个读数按 2 次的平均值,则标准不确定度 $u(d) = \dfrac{15.1 \times \sqrt{2}}{\sqrt{2}} = 15.1 \ nm$。

自由度
$$v = 10 - 1 = 9$$

4.3 标准量块的线膨胀系数 α_s 的不确定度 $u(\alpha_s)$

规程规定钢质量块的线膨胀系数应在 $(11.5 \pm 1) \times 10^{-6} \ ℃^{-1}$ 范围内,现假定其在该范围内等概率分布,可得其标准不确定度 $u(\alpha_s) = 1/\sqrt{3} \times 10^{-6} \ ℃^{-1} = 0.577 \times 10^{-6} \ ℃^{-1}$。估计其相对不确定度为 20%,即 $v = \dfrac{1}{2 \times 0.2^2} = 12.5 \approx 12$,检定四等量块时,100 mm 及 100 mm 以下温度最大差值 Δt 以 0.04 ℃ 计算。于是对应的不确定度和自由度为:

$$u_3 = c_3 u(\alpha_s) = 100 \times 10^6 \times 0.04 \times 0.577 \times 10^{-6} = 2.3 \ nm$$

$$v_3 = 12$$

4.4 标准量块和被测量块的温度差 Δt 引入的不确定度 $u(\Delta t)$

检定四等量块时,100 mm 及 100 mm 以下温度最大差值 Δt 以在 ± 0.04 ℃ 范围内估计,假定其在该范围内等概率分布,可得其标准不确定度 $u(\Delta t) = 0.04/\sqrt{3} = 0.023 \ 1$ ℃。估计其相对不确定度为 10%,即 $v = \dfrac{1}{2 \times 0.1^2} = 50$,于是对应的不确定度分量和自由度为:

$$u_4 = c_4 u(\Delta t) = 100 \times 10^6 \times 11.5 \times 10^{-6} \times 0.023 \ 1 = 26.6 \ nm$$

$$v_4 = 50$$

4.5 标准量块和被测量块的线膨胀系数差 $\Delta\alpha$ 引入的不确定度 $u(\Delta\alpha)$

规程规定钢质量块的线膨胀系数应在 $(11.5\pm1)\times10^{-6}$ ℃$^{-1}$ 范围内,假定标准量块和被测量块的线膨胀系数均在 $\pm1\times10^{-6}$ ℃$^{-1}$ 范围内等概率分布,则两量块的线膨胀系数差 $\Delta\alpha$ 应在 $\pm2\times10^{-6}$ ℃$^{-1}$ 范围内,并服从三角分布,因此其标准不确定度 $u(\Delta\alpha)=2\times10^{-6}/\sqrt{6}=0.816\times10^{-6}$ ℃$^{-1}$。测量时被测量块温度对标准温度 20 ℃的偏差不超过 0.3 ℃,估计其相对不确定度为 10%,即 $v=\dfrac{1}{2\times0.1^2}=50$。于是对应的不确定度分量和自由度为:

$$u_5 = c_5 u(\Delta\alpha) = 100\times10^6\times0.3\times0.816\times10^{-6} = 24.5\ \text{nm}$$

$$v_5 = 50$$

4.6 被测量块的温度 t 的不确定度 $u(t)$

量块比较测量时一般不测量被测量块的温度 t,即认为温度 t 等于 20 ℃,因此 t 与 20 ℃的差就是 t 的不确定度范围。若 t 在 (20 ± 0.3)℃范围内等概率分布,则其标准不确定度 $u(t)=0.3/\sqrt{3}=0.173$ ℃。由于线膨胀系数差 $\Delta\alpha$ 应在 $\pm2\times10^{-6}$ ℃$^{-1}$ 范围内服从三角分布。$\Delta\alpha$ 的绝对值取其最大值的一半估算,即等于 1×10^{-6} ℃$^{-1}$。估计其相对不确定度为 20%,即 $v=\dfrac{1}{2\times0.2^2}=12.5\approx12$,于是对应的不确定度分量和自由度为:

$$u_6 = c_6 u(t) = 100\times10^6\times1\times10^{-6}\times0.173 = 17.3\ \text{nm}$$

$$v_6 = 12$$

4.7 标准量块测点位置 ΔP_s 引入的不确定度 $u(\Delta P_s)$

估计测点位置在量块中心附近 1 mm 区域内等概率分布,假定测量时每一量块测量两次取平均值,则其标准不确定度 $u(\Delta P_s)=\dfrac{1}{\sqrt{6}}=0.408$ mm。估计 $u(\Delta P_s)$ 的相对标准不确定度为 20%,即 $v(\Delta P_s)=\dfrac{1}{2\times0.2^2}=12.5\approx12$。三等量块的长度变动量允许值是 $(0.16\ \mu\text{m}+0.45\times10^{-6}l_n)$,于是对应的不确定度分量和自由度为:

$$u_7 = c_7 u(\Delta P_s) = (0.16+0.45\times10^{-6}\times100\times10^3)\times1000/3.7\times0.408 = 22.6\ \text{nm}$$

$$v_7 = 12$$

4.8 被测量块测点位置 ΔP 引入的不确定度 $u(\Delta P)$

估计测点位置在量块中心附近 1 mm 区域内等概率分布,假定测量时每一量块测量两次取平均值,则其标准不确定度 $u(\Delta P)=\dfrac{1}{\sqrt{6}}=0.408$ mm。估计 $u(\Delta P)$ 的相对标准不确定度为 20%,即 $v(\Delta P)=\dfrac{1}{2\times0.2^2}=12.5\approx12$。四等量块的长度变动量允许值是 $(0.30\ \mu\text{m}+0.7\times10^{-6}l_n)$,于是对应的不确定度分量和自由度为:

$$u_8 = c_8 u(\Delta P) = (0.30+0.7\times10^{-6}\times100\times10^3)\times1000/3.7\times0.408 = 40.8\ \text{nm}$$

$$v_8 = 12$$

5 标准不确定度一览表

标准不确定度一览表

符号 $u(x_i)$	不确定度来源	标准不确定度	$c_i = \dfrac{\partial f}{\partial x_i}$	$|c_i| \times u(x_i)$ （nm）	自由度
$u(l_s)$	标准量块中心长度引入的不确定度	77.5	1	77.5	32
$u(d)$	由量块测量重复性引入的不确定度	15.1	1	15.1	9
$u(\alpha_s)$	由标准量块的线膨胀系数 α_s 引入的不确定度	$0.577 \times 10^{-6}\ \text{℃}^{-1}$	$c_3 = \left|\dfrac{\partial l}{\partial \alpha_s}\right| = l_s \Delta t$	2.3	12
$u(\Delta t)$	由标准量块和被测量块的温度差 Δt 引入的不确定度	$0.0231\ \text{℃}$	$c_4 = \left|\dfrac{\partial l}{\partial \Delta t}\right| = l_s \alpha_s$	26.6	50
$u(\Delta \alpha)$	由标准量块和被测量块的线膨胀系数 $\Delta \alpha$ 引入的不确定度	$0.816 \times 10^{-6}\ \text{℃}^{-1}$	$c_5 = \left|\dfrac{\partial l}{\partial \Delta \alpha}\right| = l_s(t-20)$	24.5	50
$u(t)$	由被测量块的温度 t 引入的不确定度	$0.173\ \text{℃}$	$c_6 = \left|\dfrac{\partial l}{\partial t}\right| = l_s \Delta \alpha$	17.3	12
$u(\Delta P_s)$	由标准量块测点位置 ΔP_s 引入的不确定度	$0.408\ \text{mm}$	$c_7 = \left|\dfrac{\partial l}{\partial (\Delta P_s)}\right| = \dfrac{h_s}{3.7}$	22.6	12
$u(\Delta P)$	由被测量块测点位置 ΔP 引入的不确定度	$0.408\ \text{mm}$	$c_8 = \left|\dfrac{\partial l}{\partial (\Delta P)}\right| = \dfrac{h}{3.7}$	40.8	12
u_c	95.5 nm				75

6 计算合成标准不确定度

由式（3）计算合成标准不确定度

$$u_c^2(l) = c_1^2 u^2(l_s) + c_2^2 u^2(d) + c_3^2 u^2(\alpha_s) + c_4^2 u^2(\Delta t) + c_5^2 u^2(\Delta \alpha) + c_6^2 u^2(t) + c_7^2 u^2(\Delta P_s) + c_8^2 u^2(\Delta P)$$

$$u_c(l) = 100.1\ \text{nm} \qquad v_{\text{eff}}(l) = \frac{u_c^4(l)}{\displaystyle\sum_{i=1}^n \frac{u_i^4}{v_i}} = 71 \approx 50\ \text{mm} \qquad t_{95}(50) = 2.01$$

7 计算扩展不确定度

因为 $t_{95}(50) = 2.01$，近似取 $k_{95} \approx 2$，则

$$U = 2 \times u_c(l) = 2 \times 100.1 = 200\ \text{nm} = 0.20\ \mu\text{m}$$

十、检定或校准结果的验证

采用传递比较法验证,分别选用二等标准量块与三等标准量块对标称值为 100 mm 的量块进行测量,其测量结果如下:

标准装置	测量值(μm)	扩展不确定度 U(μm)
二等标准	+0.16	$U_{lab} = 0.13, k = 2$
三等标准	+0.30	$U_{ref} = 0.20, k = 2$

因为 $y_{lab} = +0.16\ \mu$m, $y_{ref} = +0.30\ \mu$m, $U_{lab} = 0.13\ \mu$m, $U_{ref} = 0.20\ \mu$m,则

$|y_{lab} - y_{ref}| = 0.14\ \mu$m, $\sqrt{U_{lab}^2 + U_{ref}^2} = 0.24\ \mu$m

$|y_{lab} - y_{ref}| < \sqrt{U_{lab}^2 + U_{ref}^2}$ 成立

故由该三等量块标准装置得到的检定结果是可信的。

十一、结论

该计量标准经测量不确定度评定、重复性试验、稳定性考核和检定结果的验证,满足 $U \leqslant 1/3$MPEV,重复性≤不确定度评定中的重复性分量,稳定性<修正值的扩展不确定度 ($U, k = 2$ 或 U_{95}),验证结果符合 $|y_{lab} - y_{ref}| \leqslant U_{lab}$ 等要求,故该计量标准可以开展测量范围为(0.5~500)mm 的四等量块的计量检定或校准工作。

十二、附加说明

附录：

    (1)稳定性考核原始记录；

    (2)重复性试验原始记录。

实例2 平面平晶标准装置

计量标准技术报告

计量标准名称 ___平面平晶标准装置___

计量标准负责人 ___×××___

建标单位名称(公章) ___×××××××___

填写日期 ___××××年××月××日___

目　录

一、建立计量标准的目的

　　平晶是以光波干涉法测量平面的平面度、直线度、研合性以及平行度的计量器具。在我省机械行业中广泛使用,量大面广。为保证全省量值准确可靠,更好地为企业服务,为国民经济和社会发展以及计量监督管理提供准确的检定、校准数据或结果,我院拟建立平面平晶标准装置,作为社会公用计量标准,对全省的平晶开展检定、校准工作。

二、计量标准的工作原理及其组成

　　计量标准的工作原理是平面等厚干涉仪原理。平行平晶及 D(30~100)mm 的工作平晶用平面等厚干涉仪与二等标准平晶比较测量。在等厚干涉仪上检定平晶时,应调整干涉条纹的间隔,使被检区域出现 3 或 5 条干涉条纹。平面度 F 的大小,由通过直径的最大弯曲量 b 与条纹间隔 a 的比值乘以 $\lambda/2$(λ 为所用光源波长)来确定(见图1),即

$$F = \frac{b}{a} \times \frac{\lambda}{2} \tag{1}$$

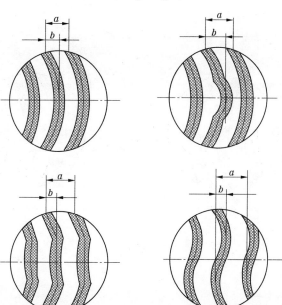

图1

评定平面度时,当所检定的两截面出现的平面度符号相同时,取其中绝对值最大值为平面,符号相反时,则取两者绝对值之和为平面度(见图2)。

工作面呈凸形时,平面度取正号;工作面呈凹形时取负号。符号的判别按下述方法确定:

在图3的a或b轻轻加压,如果条纹变密,加压处是"接触点"(或低级条纹所处位置);如果条纹变宽,则加压另一端是"接触点"。当条纹的曲率中心与"接触点"同侧,则表明呈凸形,测得值取正号;反之,则表明呈凹形,测得值取负号。

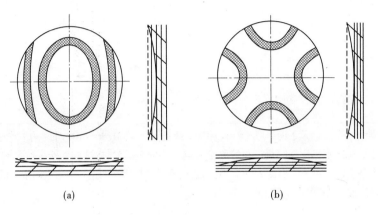

(a)   (b)

图2

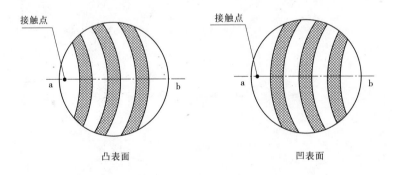

凸表面   凹表面

图3

检定结果减去标准平晶的平面度,方为被检平晶的平面度。当被检工作平晶直径小于或等于 100 mm 时,应按下式计算标准平晶在该区域的平面度,即

$$\Delta F = \left(\frac{d}{96}\right)^2 \times F_{96} \tag{2}$$

式中　d——被检平晶有效直径;

　　　F_{96}——标准平晶在 96 mm 范围内的平面度。

整套装置由二等标准平晶、平面等厚干涉仪、立式光学计、量块、游标卡尺和角度规组成。

三、计量标准器及主要配套设备

	名称	型号	测量范围	不确定度或准确度等级或最大允许误差	制造厂及出厂编号	检定或校准机构	检定周期或复校间隔
计量标准器	平面平晶	D150 mm	<D150 mm	二等	×× ××	×××	1 年
	—	—	—	—	—	—	—
主要配套设备	平面等厚干涉仪	C4－1	$\phi(30 \sim 140)$ mm	MPE: ±0.035 μm	×× ××	××××	1 年
	立式光学计	××	(0~180) mm	MPE: ±0.25 μm	×× ××	××××	1 年
	量块	83 块	(0.5~100) mm	五等	×× ××	××××	1 年
	—	—	—	—	—	—	—

四、计量标准的主要技术指标

　　该标准装置的测量范围：< D150 mm
　　该标准装置的准确度等级：二等

五、环境条件

序号	项目	要求	实际情况	结论
1	温度	(20 ± 3)℃ 室温变化≤0.5 ℃/h	(20 ± 1)℃ 室温变化≤0.5 ℃/h	合格
2	湿度	≤80% RH	≤80% RH	合格
3				
4				
5				
6				

六、计量标准的量值溯源和传递框图

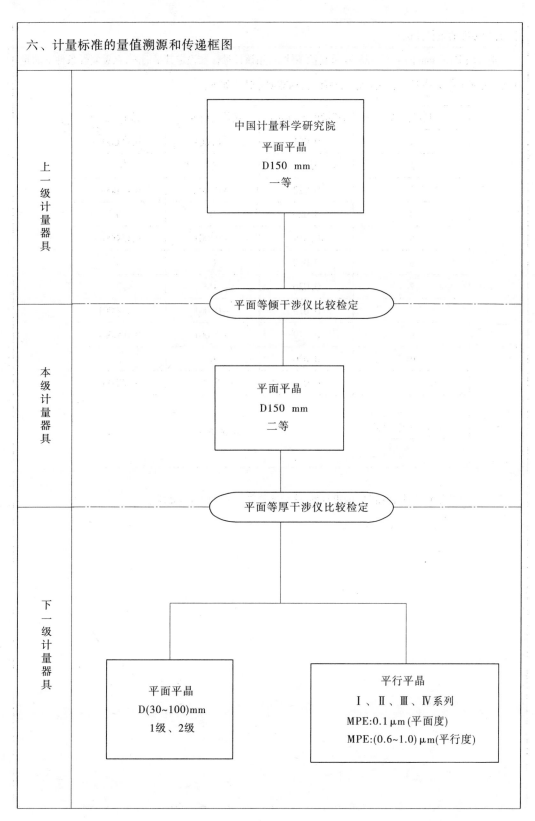

中国计量科学研究院
平面平晶
D150 mm
一等

平面等倾干涉仪比较检定

平面平晶
D150 mm
二等

平面等厚干涉仪比较检定

平面平晶
D(30~100)mm
1级、2级

平行平晶
Ⅰ、Ⅱ、Ⅲ、Ⅳ系列
MPE:0.1μm(平面度)
MPE:(0.6~1.0)μm(平行度)

上一级计量器具

本级计量器具

下一级计量器具

七、计量标准的重复性试验

选一块 D100 mm 的平面平晶,在重复性条件下,用该计量标准检定其平面度,在重复性条件下测量 10 次,按 $F = \frac{b}{a} \times \frac{\lambda}{2}$ 计算各次测量的平面度,标准偏差计算如下:

测量次数	测量值 y_i(μm)	残差 v_i(μm)	残差 v_i^2(μm)^2
1	0.021	+0.001	0.000001
2	0.020	0	0
3	0.022	+0.002	0.000004
4	0.020	0	0
5	0.019	−0.001	0.000001
6	0.020	0	0
7	0.020	0	0
8	0.019	−0.001	0.000001
9	0.019	−0.001	0.000001
10	0.020	0	0
$\bar{y}$	0.020	$\sum v_i^2$	0.000008
$s = \sqrt{\dfrac{\sum\limits_{i=1}^{n}(y_i - \bar{y})^2}{n-1}}$	0.0009 μm		

s 小于新建计量标准时的重复性,该标准装置的重复性符合要求。

八、计量标准的稳定性考核

选一稳定的 D100 mm 的平面平晶作为核查标准,每隔 2 个月,用该标准装置对其进行 5 次重复测量,取其算术平均值作为该组的测量结果,共观察 4 组,各次测量数据如下:

测量次数	第一组 测量值 y_i(μm)	第二组 测量值 y_i(μm)	第三组 测量值 y_i(μm)	第四组 测量值 y_i(μm)
1	0.021	0.022	0.019	0.021
2	0.020	0.021	0.020	0.022
3	0.022	0.020	0.021	0.021
4	0.020	0.020	0.020	0.019
5	0.019	0.021	0.021	0.020
$\bar{y}$	0.0204	0.0208	0.0202	0.0206
稳定性	$|0.0208 - 0.0202| = 0.0006$ μm			

0.0006 μm < 0.05 μm(计量标准的 MPEV:0.05 μm)
该标准装置的稳定性符合要求。

九、检定或校准结果的测量不确定度评定

1 测量方法（依据 JJG 28—2000）

平面平晶工作面的平面度是在平面等厚干涉仪上测量的,测量时仪器箱内工作台上安装 ϕ 150 mm 二等标准平晶,并使其工作面朝上,然后按规定要求在其工作台中部安放被测平晶(其工作面朝下),同时在标准平晶与被测平晶工作面之间放入 3 片尖角薄纸垫,以便调整干涉条纹。点亮仪器钠灯并使其预热 15 min,在目镜视场可见干涉条纹。用目镜测微器测得干涉条纹间距 a 和干涉条纹弯曲量 b,就可以计算获得被测平晶工作面的平面度。实验室使用的标准器见下表。

序号	仪器名称	技术指标
1	标准平晶	二等
2	平面等厚干涉仪	MPE：± 0.035 μm

2 数学模型

按平晶检定规程,工作平晶的平面度可由下式得到：

$$F = \frac{b}{a} \times \frac{\lambda}{2} - (\frac{d}{96})^2 \times F_{96}$$

式中 F——被检平晶的平面度,μm;

       b——干涉条纹弯曲量,格;

       a——干涉条纹间距,格;

       λ——钠光波长,为 0.590 μm;

       d——被检平晶有效直径,mm;

       F_{96}——标准平晶在 96 mm 范围内的平面度,μm。

3 方差和灵敏系数

依 $u_c^2(y) = \sum \left(\frac{\partial f}{\partial x_i} \right)^2 u^2(x_i)$, 有：

$$u_c^2 = c^2(a) u^2(a) + c^2(b) u^2(b) + c^2(F_{96}) u^2(F_{96})$$

其中
$$c(b) = (1/a) \times (\lambda/2)$$
$$c(a) = -(b/a^2) \times (\lambda/2)$$
$$c(F_{96}) = -(d/96)^2$$

对于 D100 mm 平晶,通常 $a=100$ 格,$b=16$ 格,$d=92$ mm 则:

$$c(b) = (1/a) \times (\lambda/2) = 0.0030 \ \mu m \cdot 格^{-1}$$

$$c(a) = -(b/a^2) \times (\lambda/2) = -0.00047 \ \mu m \cdot 格^{-1}$$

$$c(F_{96}) = -(d/96)^2 = -0.918$$

对于 D30 mm 平晶,通常 $a=40$ 格,$b=4$ 格,$d=25$ mm,则:

$$c(b) = (1/a) \times (\lambda/2) = 0.0074 \ \mu m \cdot 格^{-1}$$

$$c(a) = -(b/a^2) \times (\lambda/2) = -0.00074 \ \mu m \cdot 格^{-1}$$

$$c(F_{96}) = -(d/96)^2 = -0.067$$

4 标准不确定度一览表

4.1 当为 D100 mm 平晶时,如表 1 所示。

表 1 标准不确定度一览表

符号 $u(x_i)$	不确定度来源	标准不确定度	$c_i = \dfrac{\partial f}{\partial x_i}$	$\lvert c_i \rvert \times u(x_i)$ （μm）	自由度
$u(a)$	条纹间距的不确定度	0.68 格	-0.00047 $\mu m \cdot 格^{-1}$	0.0003196	20
$u(a_1)$	条纹间距测量重复性	0.67 格	1		19
$u(a_2)$	测微目镜示值误差	0.14 格	1		12
$u(b)$	条纹弯曲量的不确定度	0.67 格	0.0030 $\mu m \cdot 格^{-1}$	0.00201	19
$u(F_{96})$	标准平晶的不确定度	0.0089 μm	-0.918	0.00817	99
$u(F_{961})$	标准平晶平面度的测量不确定度	0.0067 μm			50
$u(F_{962})$	标准平晶两截面平面度差值的不确定度	0.0058 μm			50
u_c	0.0084 μm				107

4.2 当为 D30 mm 平晶时,如表 2 所示。

表 2　标准不确定度一览表

符号 $u(x_i)$	不确定度来源	标准不确定度 $u(x_i)$	$c_i = \dfrac{\partial f}{\partial x_i}$	$\lvert c_i \rvert \times u(x_i)$ （μm）	自由度
$u(a)$	条纹间距的不确定度	0.68 格	-0.00074 μm·格$^{-1}$	0.0005032	20
$u(a_1)$	条纹间距测量重复性	0.67 格			19
$u(a_2)$	测微目镜示值误差	0.14 格	1		12
$u(b)$	条纹弯曲量的不确定度	0.67 格	0.0074 μm·格$^{-1}$	0.004958	19
$u(F_{96})$	标准平晶的不确定度	0.0089 μm	-0.067	0.0005963	99
$u(F_{961})$	标准平晶平面度的测量不确定度	0.0067 μm			50
$u(F_{962})$	标准平晶两截面平面度差值的不确定度	0.0058			50
u_c	0.0050 μm				20

5　计算标准不确定度分量

5.1　干涉条纹间距测量时引入的标准不确定度 $u(a)$

5.1.1　干涉条纹间距测量重复性引入的标准不确定度 $u(a_1)$

根据 JJF 1100—2003《平面等厚干涉仪校准规范》,在重复性条件下,对 a 值共进行 20 次测量,按贝塞尔公式计算得出实验标准差 s,其 $3s \leqslant 0.020$ mm,故:

$$u(a_1) = \frac{0.020}{3} = 0.0067 \text{ mm} \approx 0.67 \text{ 格}$$

$$v(a_1) = n - 1 = 20 - 1 = 19$$

5.1.2　测微目镜示值误差引入的标准不确定度 $u(a_2)$

测微目镜在任意 1 mm 内示值误差不超过 0.005 mm,该误差在区间 ±0.005 mm 内均匀分布,故:

$$u(a_2) = 0.005 \text{ mm} / \sqrt{12} = 0.0014 \text{ mm} \approx 0.14 \text{ 格}$$

设其相对不确定度为 20%,则:

$$v(a_2) = \frac{1}{2} \times (\frac{20}{100})^{-2} = 12.5 \approx 12$$

5.1.3　以上两项合成为 $u(a)$

$$u(a) = \sqrt{0.67^2 + 0.14^2} = 0.68 \text{ 格}$$

$$v(a) = \frac{0.68^4}{\dfrac{0.67^4}{19} + \dfrac{0.14^4}{12}} = 20$$

5.2　干涉条纹弯曲量测量时引入的标准不确定度 $u(b)$

同 5.1.1, $u(b) = 0.67$ 格, $v(b) = 19$。

5.3　标准平晶平面度引入的标准不确定度 $u(F_{96})$

5.3.1　二等标准平晶平面度的测量不确定度引入的标准不确定度 $u(F_{961})$

二等平晶平面度的测量不确定度 $U(k=3) = 0.020$ μm,故:

$$u(F_{961}) = 0.020/3 = 0.0067 \text{ μm}$$

设其相对不确定度为 10%,则:

$$v(F_{961}) = (1/2) \times (10/100)^{-2} = 50$$

5.3.2　二等标准平晶两截面平面度之差引入的标准不确定度 $u(F_{962})$

二等标准平晶两截面平面度差要求为 ≤0.030 μm,认为该差值在区间 ±0.030 μm 均匀分布,故:

$$u(F_{962}) = \frac{2}{3} \times 0.030 \times \frac{1}{\sqrt{12}} = 0.0058 \text{ μm}$$

设其相对不确定度为 10%,则:

$$v(F_{962}) = (1/2) \times (10/100)^{-2} = 50$$

5.3.3　以上两项合成 $u(F_{96})$

$$u^2(F_{96}) = u^2(F_{961}) + u^2(F_{962})$$

$$u(F_{96}) = \sqrt{0.0067^2 + 0.0058^2} = 0.0089 \text{ μm}$$

$$v(F_{96}) = \frac{0.0089^4}{\dfrac{0.0067^4}{50} + \dfrac{0.0058^4}{50}} = 99$$

6 合成标准不确定度

$$u_c^2 = c^2(a)u^2(a) + c^2(b)u^2(b) + c^2(F_{96})u^2(F_{96})$$

对 D100 mm：

$$u_c^2(F) = (-0.00047)^2 \times 0.68^2 + 0.003^2 \times 0.67^2 + (-0.918)^2 \times 0.0089^2$$

$$u_c(F) = 0.0084 \ \mu m$$

对 D30 mm：

$$u_c^2(F) = (-0.00074)^2 \times 0.68^2 + 0.0074^2 \times 0.67^2 + (-0.067)^2 \times 0.0089^2$$

$$u_c(F) = 0.0050 \ \mu m$$

7 有效自由度

对 D100 mm：

$$v_{eff}(F) = \frac{0.0084^4}{\dfrac{0.00032^4}{20} + \dfrac{0.002^4}{19} + \dfrac{0.0082^4}{99}} = 107 \approx 100$$

$$t_{95}(100) = 1.98$$

对 D30 mm：

$$v_{eff}(F) = \frac{0.0050^4}{\dfrac{0.0005^4}{20} + \dfrac{0.005^4}{19} + \dfrac{0.0006^4}{99}} = 19$$

$$t_{95}(19) = 2.09$$

8 扩展不确定度

对 D100 mm：

因为 $t_{95}(100) = 1.98$，近似取 $k = 2$，则有：

$$U = 2 \times u_c(F) = 2 \times 0.0084 = 0.017 \ \mu m$$

对 D30 mm：

因为 $t_{95}(19) = 2.09$，近似取 $k = 2$，则有：

$$U = 2 \times u_c(F) = 2 \times 0.005 = 0.010 \ \mu m$$

十、检定或校准结果的验证

选一稳定的 D100 mm 的平面平晶,用该检定装置检定其平面度 $F_1 = 0.021$ μm,$U_1 = 0.02$ μm,$k = 2$;然后将该平面平晶送到具有相同准确度等级的实验室,检定其平面度分别为:$F_2 = 0.023$ μm,$U_2 = 0.02$ μm,$k = 2$;$F_3 = 0.020$ μm,$U_3 = 0.02$ μm,$k = 2$。三个实验室所得到的结果的平均值为0.0213 μm。

用比对法对其进行验证,根据公式

$$|y_{lab} - \bar{y}| \leqslant \sqrt{\frac{n-1}{n}} U_{lab}$$

$|0.021 - 0.0213| < 0.016$

$|0.023 - 0.0213| < 0.016$

$|0.020 - 0.0213| < 0.016$

该标准装置的不确定度得到验证。

十一、结论

经过计量标准的分析、试验和验证,本院所建平面平晶标准装置符合国家计量检定系统表和计量检定规程的要求,具有开展平面平晶和平行平晶平面度检定或校准项目的测量能力,可以开展 D(30 ~ 100) mm 1 级、2 级平面平晶及Ⅰ、Ⅱ、Ⅲ、Ⅳ系列平行平晶的检定及校准工作。

十二、附加说明

附录:

    (1)稳定性考核原始记录;

    (2)重复性试验原始记录。

实例 3　检定测微量具标准器组

计量标准技术报告

计量标准名称____检定测微量具标准器组____

计量标准负责人____×××____

建标单位名称(公章)____×××××××____

填　写　日　期____××××年××月××日____

目　录

一、建立计量标准的目的

　　测微量具在机械制造业生产过程、零部件和产品检验中应用极为广泛,其结构简单、使用方便。为保证测微量具量值传递的准确可靠,保证其正常的周期检定,需要建立检定测微量具标准器组计量标准。

二、计量标准的工作原理及其组成

　　依据检定规程的要求,用三等、四等量块作为主标准器,以比较法进行检定。检定时,各测微量具的受检点应均匀分布在测量范围的 5 点上(规程上有规定,依据规程选择受检点);首先对好测微量具的零位,将量块夹持在量具两测量面中间,使其与测量面均匀接触后,在微分筒上读出该受检点的示值误差,取各受检点的示值误差中绝对值的最大值作为测微量具的示值误差。

　　检定测微量具标准器组的测量范围为(5.12～500)mm,主标准器为 20 块组和 8 块组的三等量块和 20 块组的四等量块、测长机等,主要配套仪器有立式光学计、接触式干涉仪、工具显微镜、平行平晶和平面平晶等。

三、计量标准器及主要配套设备						
	名称	型号	测量范围	不确定度或准确度等级或最大允许误差	制造厂及出厂编号	检定或校准机构或检定证书号	检定周期或复校间隔
计量标准器	量块	20 块组	(5.12 ~ 100) mm	三等	×× ××	×× ××	1 年
	量块	20 块组	(5.12 ~ 100) mm	四等	×× ××	×× ××	1 年
	量块	8 块组	(125 ~ 500) mm	三等	×× ××	×× ××	1 年
	量块	大 8 块组	(125 ~ 500) mm	四等	×× ××	×× ××	1 年
主要配套设备	测长机	××	(0 ~ 1000) mm	MPE：±0.25 μm	×× ××	×× ××	1 年
	立式光学计	××	(0 ~ 180) mm	MPE：±0.25 μm	×× ××	×× ××	1 年
	接触式干涉仪	JDS - 1	(0 ~ 150) mm	MPE：±(0.03 + 1.5ni $\Delta\lambda/\lambda$) μm	×× ××	×× ××	1 年
	表面粗糙度比较样块	32 块组	Ra(0.012 ~ 6.3) μm	MPE：(−17 ~ +12)%	×× ××	×× ××	1 年
	塞尺	100B	(0.02 ~ 1.00) mm	MPE：±(0.005 ~ 0.016) mm	×× ××	×× ××	半年
	平行平晶	Ⅰ 系列	(0 ~ 25) mm	两工作面的平行度：MPE：≤0.6 μm	×× ××	×× ××	1 年
	平行平晶	Ⅱ 系列	(25 ~ 50) mm	两工作面的平行度：MPE：≤0.6 μm	×× ××	×× ××	1 年
	平行平晶	Ⅲ 系列	(50 ~ 75) mm	两工作面的平行度：MPE：≤0.8 μm	×× ××	×× ××	1 年
	平行平晶	Ⅳ 系列	(75 ~ 100) mm	两工作面的平行度：MPE：≤1.0 μm	×× ××	×× ××	1 年
	平面平晶	D60 mm	(0 ~ 60) mm	1 级	×× ××	×× ××	1 年
	测力计	××	(0 ~ 15) N	MPE：±0.5%	×× ××	×× ××	1 年
	杠杆千分表	0.2 mm	(0 ~ 0.2) mm	1 级	×× ××	×× ××	1 年
	工具显微镜	××	200 mm × 100 mm	MPE：(1 + L/100) μm	×× ××	×× ××	1 年
	刀口尺	300 mm	(0 ~ 300) mm	MPE$_s$：3.0 μm	×× ××	×× ××	1 年
	平板	1 000 mm × 750 mm	1 000 mm × 750 mm	0 级	×× ××	×× ××	1 年

四、计量标准的主要技术指标

(1)计量标准器　三、四等量块
测量范围：(5.12~500)mm
(2)测长机　MPE：±0.25 μm
测量范围：(0~1000)mm
(3)接触式干涉仪　MPE：±(0.03+1.5$ni\Delta\lambda/\lambda$)μm
测量范围：(0~150)mm

五、环境条件

序号	项目	要求	实际情况	结论
1	温度	(20±1)℃	(20±1)℃	符合要求
2	湿度	≤70% RH	≤70% RH	符合要求
3	—	—	—	—

六、计量标准的量值溯源和传递框图

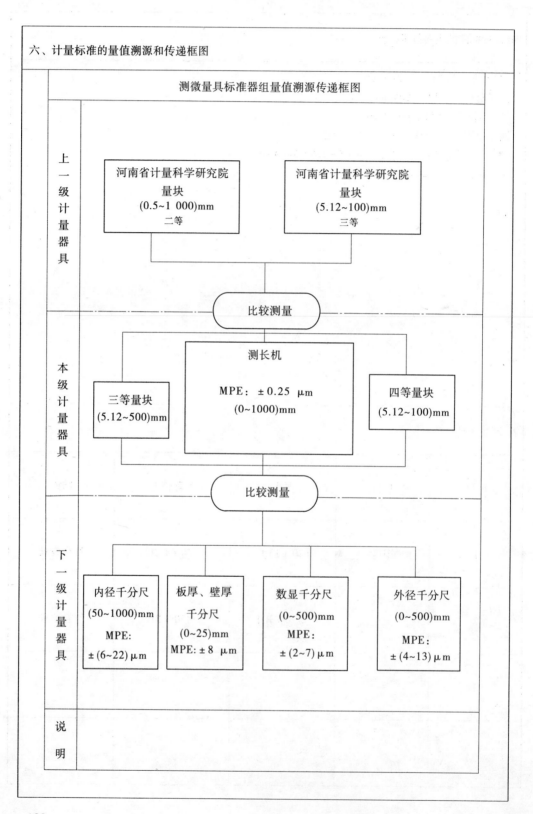

测微量具标准器组量值溯源传递框图

| 上一级计量器具 | 河南省计量科学研究院 量块 (0.5~1 000)mm 二等 | 河南省计量科学研究院 量块 (5.12~100)mm 三等 |

比较测量

| 本级计量器具 | 三等量块 (5.12~500)mm | 测长机 MPE：±0.25 μm (0~1000)mm | 四等量块 (5.12~100)mm |

比较测量

| 下一级计量器具 | 内径千分尺 (50~1000)mm MPE： ±(6~22)μm | 板厚、壁厚 千分尺 (0~25)mm MPE：±8 μm | 数显千分尺 (0~500)mm MPE： ±(2~7)μm | 外径千分尺 (0~500)mm MPE： ±(4~13)μm |

说明

七、计量标准的重复性试验

　　依据 JJF 1033—2008《计量标准考核规范》,检定测微量具标准器组是列入《简化考核的计量标准目录》之一的计量标准,所以计量标准的重复性试验可以简化考评。

八、计量标准的稳定性考核

　　依据 JJF 1033—2008《计量标准考核规范》,检定测微量具标准器组是列入《简化考核的计量标准目录》之一的计量标准,所以计量标准的稳定性考核可以简化考评。

九、检定或校准结果的测量不确定度评定

依据 JJF 1033—2008《计量标准考核规范》,检定测微量具标准器组是列入《简化考核的计量标准目录》之一的计量标准,所以计量标准的检定或校准结果的测量不确定度评定可以简化考评。

十、检定或校准结果的验证

依据 JJF(豫)1003—2011《常用几何量计量标准考核细则》,检定测微量具标准器组属于简化考核项目,检定或校准结果的验证项目可以简化考核。

十一、结论

　　检定测微量具标准器组的主标准器和配套设备均符合 JJG 21—2008 千分尺、JJG 22—2003 内径千分尺检定规程的要求,环境条件也满足规程要求,可以开展(0～500)mm 外径千分尺、数显千分尺,(0～25)mm 板厚、壁厚千分尺,(50～1000)mm 内径千分尺的检定和校准工作。

十二、附加说明

附录:

　　(1)稳定性考核原始记录;

　　(2)重复性试验原始记录。

附录3

《计量标准履历书》实例

实例1　三等量块标准装置

计量标准履历书

计 量 标 准 名 称　　　三等量块标准装置

计 量 标 准 代 码　　　01313333

计量标准考核证书号　　[ ] 量标 证字第 号

建 立 日 期　　×××年××月××日

目 录

一、计量标准基本情况记载

计量标准名称	三等量块标准装置		
测量范围	$(0.5 \sim 500)$ mm		
不确定度或 准确度等级或 最大允许误差	标准量块　三等 接触式干涉仪　MPE：$\pm(0.03 + 1.5ni\Delta\lambda/\lambda)\mu$m 测长机　MPE：$\pm 0.25\mu$m		
存放地点	××××楼××室	总价值(万元)	5
启用日期	××××年××月××日		

建立计量标准情况记录：

　　标准建立以来使用情况正常,标准器能按期送××省计量科学研究院检定,主要配套设备也进行了周期检定。

验收情况：

　　(1)计量标准器：三等量块($U_{99} = 0.10\ \mu$m $+ 1 \times 10^{-6} l_n$)

　　　　测量范围：$(0.5 \sim 500)$mm

　　(2)接触式干涉仪　MPE：$\pm(0.03 + 1.5ni\Delta\lambda/\lambda)\mu$m

　　　　经××省计量科学研究院检定符合检定规程要求。

验收人：×××

××××年××月××日

二、计量标准器、配套设备及设施登记

	名称	型号	测量范围	不确定度或准确度等级或最大允许误差	制造厂及出厂编号	价值（元）	备注
计量标准器	量块	83 块	(0.5~100) mm	三等	×× ××	××	
	量块	20 块	(5.12~100) mm	三等	×× ××	××	
	量块	大 8 块	(125~500) mm	三等	×× ××	××	
	量块	-10 块	(0.991~1.000) mm	三等	×× ××	××	
	量块	+10 块	(1.000~1.009) mm	三等	×× ××	××	
	量块	12 块	(10~291.8) mm	三等	×× ××	××	
配套设备	接触式干涉仪	JDS-1	(0~150) mm	MPE: $\pm(0.03+1.5ni\Delta\lambda/\lambda)\mu m$	×× 001	××	
	接触式干涉仪	JDS-1	(0~150) mm	MPE: $\pm(0.03+1.5ni\Delta\lambda/\lambda)\mu m$	×× 002	××	
	测长机	××	(0~1000) mm	MPE: $\pm0.25\mu m$	×× ××	××	
设施							

三、计量标准考核（复查）记录

计量标准名称							
考核日期	考核单位	考核方式	考核结论	考评员姓名	计量标准考核证书有效期		备注
2000-09	××省计量科学研究院	书面审查＋现场考评	合格	×××	2000 年 9 月 22 日至 2004 年 9 月 21 日		
2004-09	××省计量科学研究院	书面考核	合格	×××	2004 年 9 月 21 日至 2008 年 9 月 20 日		
2008-09	××省计量科学研究院	书面审查＋现场考评	合格	×××	2008 年 9 月 20 日至 2012 年 9 月 19 日		
2012-09	××省计量科学研究院	书面审查＋现场考评	合格	×××	2012 年 9 月 19 日至 2016 年 9 月 18 日		

四、计量标准器稳定性考核图表

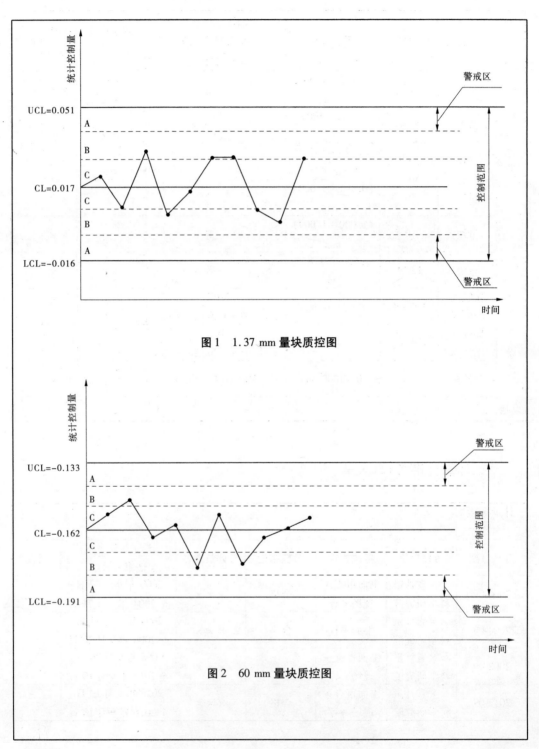

图1　1.37 mm 量块质控图

图2　60 mm 量块质控图

五、计量标准器及主要配套设备量值溯源记录

计量标准器及主要配套设备名称	检定或校准日期	检定周期校准间隔	检定或校准机构名称	结论	检定或校准证书号	备注
量块	2000-08	1 年	×××	三等	××	

六、计量标准器及配套设备修理记录

修理对象	修理日期	修理原因	修理情况	修理结论	经手人签字
量块	2000-08	50 mm 量块的测量面研合性不合格	送上级部门修理	符合检定规程要求	×××

七、计量标准器及配套设备更换登记

更换前计量器具名称、型号及出厂编号	更换后计量器具名称、型号及出厂编号	更换原因	更换日期	经手人签字	批准部门或批准人及日期

八、计量检定规程或技术规范(更换)登记

现行的计量检定规程或技术规范代号及名称	原计量检定规程或技术规范代号及名称	变更日期	主要的变化内容
JJG 146—2011	JJG 146—2003	2012-05	1. 对检定周期的规定进行了细化 2. 增加了检定证书和检定结果通知书内页格式和内容

九、检定或校准人员（更换）登记

姓名	性别	文化程度	资格证书名称	资格证书编号	核准的检定或校准项目	上岗日期	离岗日期
×××	×	本科	计量检定员证	〔 〕计检证豫字第××号	量块	××	
×××	×	本科	计量检定员证	〔 〕计检证豫字第××号	量块	××	

十、计量标准负责人（更换）登记

负责人姓名	接收日期	交接记事	交接人签字及日期
李××	2001-01-02	标准器及配套设备完好,档案资料齐全	李×× 2001-01-02
王××	2010-03-09	标准设备无变化,标准装置工作正常	王×× 2010-03-09

十一、计量标准使用记录

使用日期	使用前情况	使用后情况	使用人签名	备注

实例 2　平面平晶标准装置

计量标准履历书

计 量 标 准 名 称_____平面平晶标准装置_____

计 量 标 准 代 码_____01518200_____

计量标准考核证书号_____[　]　量标　证字第　号_____

建　立　日　期_____××××年××月××日_____

目　录

一、计量标准基本情况记载

计量标准名称	平面平晶标准装置		
测量范围	<D150 mm		
不确定度或 准确度等级或 最大允许误差	标准平晶　二等 平面等厚干涉仪　MPE：±0.035 μm 立式光学计　MPE：±0.25 μm		
存放地点	中心长度计量室××号房间	总价值（万元）	1.60
启用日期	××××年××月××日		

建立计量标准情况记录：

　　该计量标准于 2009 年 2 月开始筹建。根据 JJG 28—2000 平晶检定规程的要求，先后购买了标准平晶、平面等厚干涉仪、立式光学计、量块等标准设备。有两名检定员于 2009 年 8 月参加了省里组织的"平直度"检定规程培训班，经专业理论知识和实际操作技能考核合格后，于 2009 年 10 月取得该项目的检定员证。经中心领导批准，实验室购买了冷暖式空调，将原来的门窗改建为铝合金的双层玻璃门窗，于 2009 年 12 月完成了实验室环境改造。按 JJF 1033—2008 的要求，先后建立了该标准装置的技术档案，建立了实验室岗位责任制和计量标准使用维护制度等 8 项管理制度。主标准器和相关配套设备见计量标准器、配套设备及设施登记表，该装置现在满足开展测量范围为 D(30～100) mm 的 1、2 级平面平晶和 MPE：0.1 μm 的平行平晶的检定要求。

验收情况：

　　该计量标准的标准器和配套设备均可溯源到上级相关的计量标准，经中国计量科学研究院和河南省计量科学研究院检定，均符合 JJG 28—2000 平晶检定规程的要求（检定证书见技术档案）；实验室经半年的试运行，温湿度记录均符合检定规程的要求（温湿度记录见技术档案）。验收合格。

验收人：×××

××××年××月××日

二、计量标准器、配套设备及设施登记

计量标准器	名称	型号	测量范围	不确定度或准确度等级或最大允许误差	制造厂及出厂编号	价值（元）	备注
	平面平晶	D150 mm	＜D150 mm	二等	×× ××	××	
配套设备	平面等厚干涉仪	C4－1	ϕ(30~140) mm	MPE：±0.035 μm	×× ××	××	
	立式光学计	××	(0~180) mm	MPE：±0.25 μm	×× ××	××	
	量块	83 块	(0.5~100) mm	五等	×× ××	××	
设施	冷暖式空调	××型	—	—	××	××	
	温湿度计	××型	(-20~40)℃	MPE：0.1 ℃	××	××	

三、计量标准考核(复查)记录

计量标准名称						
考核日期	考核单位	考核方式	考核结论	考评员姓名	计量标准考核证书有效期	备注
2010-05-10	××省质量技术监督局	书面审查＋现场考评	合格	×××	2010年6月8日至2014年6月7日	

四、计量标准器稳定性考核图表

计量标准器稳定性考核记录表

计量标准器名称及编号	名义值（检定位置）（mm）	允许变化量	上级法定计量机构检定数据或自我对比数据							
			2008年4月截面(1—2)（μm）	2009年4月截面(1—2)（μm）	变化量（μm）	结论	日期	日期	变化量	结论
	+70		0	0	0	符合要求				
	+48		−0.003	−0.002	0.001	符合要求				
	0		−0.030	−0.028	0.002	符合要求				
	−48		−0.010	−0.010	0	符合要求				
	−70		0	0	0	符合要求				
平面平晶 ××××	+70		截面(3—4) 0	截面(3—4) 0	0	符合要求				
	+48		0	−0.020	0.020	符合要求				
	0		−0.027	−0.037	0.010	符合要求				
	−48		0	−0.008	0.008	符合要求				
	−70		0	0	0	符合要求				

五、计量标准器及主要配套设备量值溯源记录

计量标准器及主要配套设备名称	检定或校准日期	检定周期或校准间隔	检定或校准机构名称	结论	检定或校准证书号	备注
平面平晶	2010-01-09	1 年	××××	二等	CDjc2010 - ××××	
平面等厚干涉仪	2010-01-06	1 年	××××	合格	长字 20100110 - ××	
立式光学计	2010-01-06	1 年	××××	合格	长字 20100110 - ××	
量块	2010-01-04	1 年	××××	五等	××××	

六、计量标准器及配套设备修理记录

修理对象	修理日期	修理原因	修理情况	修理结论	经手人签字
编号为 789 的量块中标称值为 90 mm 的量块	2010 年 8 月	该量块长度变动量超过检定规程要求	由×××计量科学研究院对该量块的中心长度进行了修理	修理后经×××计量科学研究院检定,符合五等量块的长度变动量的要求	×××

七、计量标准器及配套设备更换登记

更换前计量器具名称、型号及出厂编号	更换后计量器具名称、型号及出厂编号	更换原因	更换日期	经手人签字	批准部门或批准人及日期
平面等厚干涉仪C4－1型编号101	平面等厚干涉仪C4－1型编号010	仪器变压器老化、成像不清晰	2010年8月8日	××××	本公司质管部××××，批准日期：2010年7月10日

八、计量检定规程或技术规范(更换)登记

现行的计量检定规程或技术规范代号及名称	原计量检定规程或技术规范代号及名称	变更日期	主要的变化内容
JJG 28—2000 平晶	JJG 28—91 平面平晶 JJG 29—91 平行平晶	2000-09-15	(1)测量范围增加了定型鉴定(或样机试验)； (2)平面平晶两端面的夹角7′~15′改为7′~12′； (3)平面度检定结果的修正由被检工作平晶直径小于或等于80 mm改为100 mm； (4)增加了平晶材料的试验方法

九、检定或校准人员(更换)登记

姓名	性别	文化程度	资格证书名称	资格证书编号	核准的检定或校准项目	上岗日期	离岗日期
×××	×	本科	计量检定员证	〔 〕计检证豫字第××号	平直度	××	
×××	×	本科	计量检定员证	〔 〕计检证豫字第××号	平直度	××	

十、计量标准负责人(更换)登记

负责人姓名	接收日期	交接记事	交接人签字及日期
李××	2009-10-09	标准装置工作正常	李××　2009-10-09
王××	2010-03-09	标准设备无变化,标准装置工作正常	王××　2010-03-09

十一、计量标准使用记录

使用日期	使用前情况	使用后情况	使用人签名	备注
2010-05-10	装置运行正常	装置运行正常	×××	

实例 3 检定测微量具标准器组

计量标准履历书

计 量 标 准 名 称＿＿＿＿＿＿检定测微量具标准器组＿＿＿＿＿

计 量 标 准 代 码＿＿＿＿＿＿＿＿01315400＿＿＿＿＿＿＿＿

计量标准考核证书号＿＿＿＿＿＿〔 〕 量标 证字第   号＿＿＿

建 立 日 期＿＿＿＿＿＿＿××××年××月××日＿＿＿＿＿

目　录

一、计量标准基本情况记载

计量标准名称	检定测微量具标准器组		
测量范围	$(5.12 \sim 500)$ mm		
不确定度或 准确度等级或 最大允许误差	量块　三等、四等 测长机　MPE：$\pm 0.25\ \mu m$		
存放地点	××××楼××房间	总价值(万元)	××
启用日期	××××年××月××日		

建立计量标准情况记录：

　　该计量标准于××××年××月开始筹建。根据千分尺、内径千分尺国家检定规程的要求,配备了相应的主标准器和配套设备。有两名检定员于××××年××月参加了省局组织的"测微量具"检定规程培训班,经专业理论知识和实际操作技能考核合格后,于××××年××月取得该项目的检定员证。对原有的实验室进行了整理改造,使其环境条件满足千分尺、内径千分尺国家检定规程的要求。按 JJF 1033—2008 的要求,先后建立了该标准装置的技术档案,建立了实验室岗位责任制和计量标准使用维护制度等 8 项管理制度。主标准器和配套设备的各项计量指标(详见"计量标准器、配套设备及设施登记")均满足开展相应测量范围的外径千分尺、数显千分尺、板厚和壁厚千分尺以及内径千分尺检定的要求。

验收情况：

　　该计量标准的主标准器及配套设备经××省计量科学研究院检定或校准,均符合千分尺、内径千分尺国家检定规程的要求;改造后的恒温实验室经过半年的试运行,温湿度条件也满足规程要求;设备配备和环境条件均验收合格。

验收人：×××

××××年××月××日

二、计量标准器、配套设备及设施登记

	名称	型号	测量范围	不确定度或准确度等级或最大允许误差	制造厂及出厂编号	价值（元）	备注
计量标准器	量块	20 块组	(5.12～100) mm	三等	×× ××	××	
	量块	20 块组	(5.12～100) mm	四等	×× ××	××	
	量块	8 块组	(125～500) mm	三等	×× ××	××	
	量块	大8块组	(125～500) mm	四等	×× ××	××	
配套设备	测长机	××	(0～1 000) mm	MPE：±0.25 μm	×× ××	××	
	立式光学计	××	(0～180) mm	MPE：±0.25 μm	×× ××	××	
	接触式干涉仪	JDS-1	(0～150) mm	MPE：$\pm(0.03+1.5ni\Delta\lambda/\lambda)$ μm	×× ××	××	
	表面粗糙度比较样块	32 块组	Ra(0.012～6.3) μm	MPE：(-17～+12)%	×× ××	××	
	塞尺	100B	(0.02～1.00) mm	MPE：±(0.005～0.016) mm	×× ××	××	
	平行平晶	Ⅰ系列	(0～25) mm	两工作面的平行度：MPE：≤0.6 μm	×× ××	××	
		Ⅱ系列	(25～50) mm	两工作面的平行度：MPE：≤0.6 μm	×× ××	××	
		Ⅲ系列	(50～75) mm	两工作面的平行度：MPE：≤0.8 μm	×× ××	××	
		Ⅳ系列	(75～100) mm	两工作面的平行度：MPE：≤1.0 μm	×× ××	××	
	平面平晶	D60 mm	(0～60) mm	1 级	×× ××	××	
	测力计	××	(0～15)N	MPE：±0.5%	×× ××	××	
	杠杆千分表	0.2 mm	(0～0.2) mm	1 级	×× ××	××	
	工具显微镜	××	200 mm×100 mm	MPE：$(1+L/100)$ μm	×× ××	××	
	刀口尺	300 mm	(0～300) mm	MPE$_s$：3.0 μm	×× ××	××	
	平板	1000 mm×750 mm	1000 mm×750 mm	0 级	×× ××	××	
设施							

三、计量标准考核(复查)记录

计量标准名称						
考核日期	考核单位	考核方式	考核结论	考评员姓名	计量标准考核证书有效期	备注
1999-09	××省计量科学研究院	书面审查+现场考评	合格	×××	1999 年 9 月 22 日至 2003 年 9 月 21 日	
2003-09	××省计量科学研究院	书面考核	合格	×××	2003 年 9 月 21 日至 2007 年 9 月 20 日	
2007-09	××省计量科学研究院	书面审查+现场考评	合格	×××	2007 年 9 月 20 日至 2011 年 9 月 19 日	
2011-09	××省计量科学研究院	书面审查+现场考评	合格	×××	2011 年 9 月 19 日至 2015 年 9 月 18 日	

四、计量标准器稳定性考核图表

依据 JJF 1033—2008《计量标准考核规范》,检定测微量具标准器组是列入《简化考核的计量标准目录》之一的计量标准,所以计量标准的稳定性考核可以简化考评。

五、计量标准器及主要配套设备量值溯源记录

计量标准器及主要配套设备名称	检定或校准日期	检定周期或校准间隔	检定或校准机构名称	结论	检定或校准证书号	备注
20 块组量块	××	1 年	××省计量院	准予作三等量块使用	××	
20 块组量块	××	1 年	××省计量院	准予作四等量块使用	××	
8 块组量块	××	1 年	××省计量院	准予作三等量块使用	××	
测长机	××	1 年	××省计量院	符合要求	××	
立式光学计	××	1 年	××省计量院	MPE：±0.25 μm	××	
接触式干涉仪	××	1 年	××省计量院	MPE：$\pm(0.03 + 1.5ni\Delta\lambda/\lambda)$ μm	××	
表面粗糙度比较样块	××	1 年	××省计量院	MPE：$(-17 \sim +12)$%	××	
塞尺	××	半年	××省计量院	MPE：$\pm(0.005 \sim 0.016)$mm	××	
(0~25)mm 平行平晶	××	1 年	××省计量院	两工作面的平行度：MPE：≤0.6 μm	××	
(25~50)mm 平行平晶	××	1 年	××省计量院	两工作面的平行度：MPE：≤0.6 μm	××	
(50~75)mm 平行平晶	××	1 年	××省计量院	两工作面的平行度：MPE：≤0.8 μm	××	
(75~100)mm 平行平晶	××	1 年	××省计量院	两工作面的平行度：MPE：≤1.0 μm	××	
平面平晶	××	1 年	××省计量院	1 级	××	
测力计	××	1 年	××省计量院	MPE：±0.5%	××	
杠杆千分表	××	1 年	××省计量院	1 级	××	
工具显微镜	××	1 年	××省计量院	MPE：$(1 + L/100)$ μm	××	
刀口尺	××	1 年	××省计量院	MPE_s：3.0 μm	××	
平板	××	1 年	××省计量院	0 级	××	

六、计量标准器及配套设备修理记录

修理对象	修理日期	修理原因	修理情况	修理结论	经手人签字

七、计量标准器及配套设备更换登记

更换前计量器具名称、型号及出厂编号	更换后计量器具名称、型号及出厂编号	更换原因	更换日期	经手人签字	批准部门或批准人及日期

八、计量检定规程或技术规范(更换)登记

现行的计量检定规程或技术规范代号及名称	原计量检定规程或技术规范代号及名称	变更日期	主要的变化内容
JJG 21—2008 千分尺	JJG 21—1995 千分尺	2008-09-25	(1)取消了准确度等级; (2)增加了数显式千分尺的检定及所需的标准和设备

九、检定或校准人员(更换)登记

姓名	性别	文化程度	资格证书名称	资格证书编号	核准的检定或校准项目	上岗日期	离岗日期
×××	×	本科	计量检定员证	[ ]计检证豫字第××号	测微量具	××	××
×××	×	本科	计量检定员证	[ ]计检证豫字第××号	测微量具	××	××

十、计量标准负责人(更换)登记

负责人姓名	接收日期	交接记事	交接人签字及日期
李××	2001-01-02	标准器及配套设备完好,档案资料齐全	李×× 2001-01-02
王××	2010-03-09	标准设备无变化,标准装置工作正常	王×× 2010-03-09

十一、计量标准使用记录

使用日期	使用前情况	使用后情况	使用人签名	备注
2010-05-10	装置运行正常	装置运行正常	×××	

附录 4

《计量标准考核报告》实例

实例 1　三等量块标准装置

计量标准考核报告

[　] 量标　证字第　　号

考评项目编号＿＿＿＿＿×××××××＿＿＿＿＿

计量标准名称＿＿＿＿＿三等量块标准装置＿＿＿＿＿

申请考核单位＿＿＿×××××××××××××＿＿＿

考评员姓名＿＿＿＿＿×××、×××＿＿＿＿＿＿

联　系　电　话＿＿＿＿×××××××××＿＿＿＿＿

考　评　单　位＿＿＿＿＿×××××××＿＿＿＿＿＿

考　评　方　式　　　☑书面审查　　　☑现场考评

考　评　日　期　　××××年××月××日

计量标准名称	三等量块标准装置	计量标准考核证书号	[ ] 量标 证字第 号
存放地点	××××	计量标准总价值 （万元）	20
计量标准类别	☑ 社会公用 □ 计量授权	□ 部门最高 □ 计量授权	□ 企事业最高 □ 计量授权
前两次复查 时间和方式	××××年××月××日 ☑ 书面审查 ☑ 现场考评	××××年××月××日	☑ 书面审查 ☑ 现场考评
测量范围	(0.5～500) mm		
不确定度或 准确度等级或 最大允许误差	标准量块 三等 测长机 MPE：±0.25μm 接触式干涉仪 MPE：±(0.03+1.5$ni\Delta\lambda/\lambda$)μm		

	名称	型号	测量范围 （mm）	不确定度或 准确度等级或 最大允许误差	制造厂及 出厂编号	检定周 期或复 校间隔	末次检 定或校 准日期	检定或校 准机构及 证书号
计量标准器	量块	83 块	0.5～100	三等	×× ××	1 年	××	×× ××
	量块	20 块	5.12～100	三等	×× ××	1 年	××	×× ××
	量块	大 8 块	125～500	三等	×× ××	1 年	××	×× ××
	量块	－10 块	0.991～ 1.000	三等	×× ××	1 年	××	×× ××
	量块	＋10 块	1.000～ 1.009	三等	×× ××	1 年	××	×× ××
	量块	12 块	10～291.8	三等	×× ××	1 年	××	×× ××
主要配套设备	接触式 干涉仪	JDS-1	0～150	MPE： ±(0.03+1.5$ni\Delta\lambda/\lambda$) μm	×× 001	1 年	××	×× ××
	接触式 干涉仪	JDS－1	0～150	MPE： ±(0.03+1.5$ni\Delta\lambda/\lambda$) μm	×× 002	1 年	××	×× ××
	测长机	××	0～1 000	MPE： ±0.25 μm	×× ××	1 年	××	×× ××

可开展的检定或校准项目	名称	测量范围	不确定度或准确度等级或最大允许误差	所依据的计量检定规程或技术规范的代号及名称
	量块	(0.5~500)mm	四等及以下	JJG 146—2011 量块检定规程

考评结论及意见:

　　经对考核材料的书面审查,《计量标准考核(复查)申请书》中所给的计量标准器及配套设备满足 JJG 146—2011 量块检定规程的要求,科学合理,完整齐全,可满足开展检定四等量块工作的需要;计量标准器及主要配套设备均有效溯源,且溯源证书在有效期内;计量标准技术报告符合要求。

　　经现场考核,环境条件满足检定规程要求;有两名持证人员,且能按规程完成全部操作;该计量标准技术资料完整,填写基本正确,信息量齐全;开展检定项目的检定证书、记录,格式符合要求,文件集符合要求;现场盲样检定满足 $|y-y_0| \le \sqrt{U^2 + U_0^2}$,测量能力合格。

　　可以开展测量范围为(0.5~500)mm、准确度等级为四等及以下量块的检定工作。

☑合格　　　　　　□需要整改　　　　　　□不合格

(如果有整改要求,见计量标准整改工作单)

计量标准考评员签字:×××、×××

×××年××月××日

考评员姓名	工作单位	考评员级别	考评员证号	核准考评项目	联系方式(电话、E-mail)
×××	×××	一级	×××	量块(三等及以下)	×××
×××	×××	一级	×××	量块(三等及以下)	×××

整改的验收及考评结论：
 	
               □合格   □不合格
需要说明的内容：
 	
                                       计量标准考评员签字：
                                          年   月   日

考评单位或考评组意见：
 	
    同意考评员意见，可以开展相应项目的检定工作。
 	
                           负责人签字：   （公章）
                                       年   月   日

组织考核的质量技术监督部门意见：
 	
    建议开展相应项目的检定工作。
 	
                           负责人签字：   （公章）
                                     年   月   日

主持考核的质量技术监督部门审批意见：
 	
    准予开展相应项目的检定工作。
 	
                           审批人签字：   （公章）
                                     年   月   日

计量标准考评表

序号		考核规范条款号及评审内容	符合	有缺陷	不符合	不适合	考评记事
			考评结果				
1	4.1 计量标准器及配套设备	4.1.1 计量标准器及配套设备的配置	* △4.1.1.1 计量标准器及配套设备配置应当科学合理、完整齐全，并能满足开展检定或校准工作的需要	√				
2			* △4.1.1.2 计量标准器及主要配套设备的计量特性符合相应计量检定规程或技术规范的规定	√				
3		4.1.2 计量标准的溯源性	* △4.1.2 计量标准的溯源性符合要求，计量标准器及主要配套设备均有连续、有效的检定或校准证书	√				
4	4.2 计量标准的主要计量特性		△4.2.1 测量范围表述正确	√				
5			△4.2.2 不确定度或准确度等级或最大允许误差表述正确	√				
6			△○4.2.3 计量标准的重复性符合要求	√				
7			* △○4.2.4 计量标准的稳定性合格	√				
8			△4.2.5 计量标准的其他计量特性符合要求	√				
9	4.3 环境条件及设施		* 4.3.1 温度、湿度、照明、供电等环境条件符合要求	√				
10			4.3.2 配置必要的设施和监控设备，并对温度和湿度等进行监测和记录	√				
11			4.3.3 互不相容的区域应进行有效隔离，防止相互影响	√				
12	4.4 人员		4.4.1 有能够履行职责的计量标准负责人	√				
13			* △4.4.2 每个项目有至少两名持证的检定或校准人员	√				
14	4.5 文件集	4.5.1	4.5.1 文件集的管理符合要求	√				
15		4.5.2	*4.5.2 有有效的计量检定规程或技术规范	√				
16		4.5.3 计量标准技术报告	△4.5.3.1 建立计量标准的目的、计量标准的工作原理及其组成表述清晰	√				
17			△4.5.3.2 计量标准器及主要配套设备填写满足要求	√				

序号	考核规范条款号及评审内容		考评结果				考评记事
			符合	有缺陷	不符合	不适合	
18	4.5.3 计量标准技术报告	△4.5.3.3 计量标准的主要技术指标及环境条件填写准确	√				
19		△4.5.3.4 计量标准的量值溯源和传递框图正确	√				
20		* △○4.5.3.5 检定或校准结果的测量不确定度评定合理	√				
21		△4.5.3.6 检定或校准结果验证方法正确,验证结果符合要求	√				
22	4.5.4 检定或校准原始记录	△4.5.4.1 原始记录格式规范、信息量齐全,填写、更改、签名及保存等符合相应规定	√				
23		△4.5.4.2 原始数据真实,数据处理正确	√				
24	4.5.5 检定或校准证书	△4.5.5.1 证书的格式、签名、印章及副本保存等符合要求	√				
25		△4.5.5.2 检定或校准证书结论正确,内容符合要求	√				
26	4.5.6 管理制度	4.5.6 制订并执行相关管理制度	√				
27	4.6.1 现场试验	*4.6.1.1 检定或校准方法正确,操作过程规范	√				
28		*4.6.1.2 检定或校准结果正确	√				$\lvert y - y_0 \rvert \leqslant \sqrt{U^2 + U_0^2}$ $\lvert 0.16 - 0.30 \rvert \leqslant$ $\sqrt{0.13^2 + 0.20^2}$ 即 0.14 < 0.24 成立
29		4.6.1.3 回答问题正确 提问摘要: (1)三等量块检定对环境条件的要求有哪些? (2)检定 125 mm 四等量块的中心长度,其实测值的有效小数位数如何确定?	√				回答情况: (1)温度(20±1)℃。 (2)按照规程规定,有效的小数位数应为 0.1 μm
30	4.6.2	△4.6.2 通过对技术资料的审查确认计量标准测量能力	√				证明文件: 盲样比对试验记录、稳定性考核记录、重复性试验记录

说明:考评内容共六方面 30 项,请在所选项目内打"√"。带 * 的有 10 项,带△的有 20 项,带○的有 3 项。
   * 表示重点考评项目,△表示书面审查项目,○表示可以简化考评的项目。

序号列:18、19、20、21、22、23、24、25、26、27、28、29、30

4.5 文件集 / 4.6 测量能力的确认

实例 2   平面平晶标准装置

计量标准考核报告

[   ] 量标 证字第   号

考评项目编号 _____×××××××_____

计量标准名称 _____平面平晶标准装置_____

申请考核单位 _____×××××××××××××_____

考评员姓名 _____×××、×××_____

联 系 电 话 _____×××××××××_____

考 评 单 位 _____×××××××_____

考 评 方 式   ☑书面审查   ☑现场考评

考 评 日 期 ××××年××月××日

计量标准名称	平面平晶标准装置	计量标准考核证书号	［　］量标 证字第　号
存放地点	×××	计量标准总价值 （万元）	××

计量标准类别	☑社会公用 □计量授权	□部门最高 □计量授权	□企事业最高 □计量授权

前两次复查 时间和方式	××××年××月××日	☑书面审查 ☑现场考评	××××年××月××日	☑书面审查 ☑现场考评

测量范围	＜D150 mm

不确定度或 准确度等级或 最大允许误差	标准平晶　二等 平面等厚干涉仪　MPE：±0.035 μm 立式光学计　MPE：±0.25 μm

	名称	型号	测量范围 （mm）	不确定度或 准确度等级或 最大允许误差	制造厂及 出厂编号	检定周 期或复 校间隔	末次检 定或校 准日期	检定或校 准机构及 证书号
计量标准器	平面平晶	D150 mm	＜D150 mm	二等	×× ××	1年	××	×× ××
主要配套设备	平面等厚 干涉仪	C4-1	φ(30~140) mm	MPE：±0.035 μm	×× ××	1年	××	×× ××
	立式 光学计	××	(0~180) mm	MPE：±0.25 μm	×× ××	1年	××	×× ××
	量块	83块	(0.5~100) mm	五等	×× ××	1年	××	×× ××

可开展的检定或校准项目	名称	测量范围	不确定度或准确度等级或最大允许误差	所依据的计量检定规程或技术规范的代号及名称
	平面平晶	D(30~100)mm	1级、2级	JJG 28—2000 平晶检定规程
	平行平晶 Ⅰ、Ⅱ、Ⅲ、Ⅳ系列		平行度　MPE:(0.6~1.0)μm 平面度　MPE:0.1μm	

考评结论及意见：

　　经对考核材料的书面审查，《计量标准考核(复查)申请书》中所给的计量标准器及配套设备满足 JJG 28—2000 平晶检定规程的要求，科学合理，完整齐全，可满足开展检定平晶工作的需要；计量标准器及主要配套设备均有效溯源，且溯源证书在有效期内；计量标准技术报告符合要求。

　　经现场考核，环境条件满足检定规程要求；有两名持证人员，且能按规程完成全部操作；该计量标准技术资料完整，填写基本正确；开展检定项目的检定证书、记录，格式符合要求、信息量齐全，文件集符合要求；现场盲样检定满足 $|y-y_0| \leqslant \sqrt{U^2+U_0^2}$，测量能力合格。

　　书面审查时发现主标准器(平面平晶)缺少上个周期的检定证书，主要配套设备(立式光学计)缺少有效期内的溯源证书，不符合《计量标准考评表》的第4.1.2款；现场考核时发现计量标准文件集资料凌乱，不符合《计量标准考评表》的第4.5.1款；计量标准技术报告部分栏目内容填写不完善，不符合《计量标准考评表》的第4.5.3.2款(见计量标准整改工作单)。

　　□ 合格　　　　　☑需要整改　　　　　□ 不合格

　　　　　　　　　　　　　　　　　计量标准考评员签字：×××、×××
　　　　　　　　　　　　　　　　　　　×××年××月××日

考评员姓名	工作单位	考评员级别	考评员证号	核准考评项目	联系方式（电话、E-mail）
×××	×××	一级	×××	平晶	×××
×××	×××	一级	×××	平晶	×××

整改的验收及考评结论:

在规定的整改期限内,对立式光学计(配套设备)和主标准器(平面平晶)进行了有效溯源,并对以往的检定结果进行了追溯;重新分类整理了计量标准文件集,规范和完善了计量标准技术报告,整改符合要求,可以开展测量范围为 D(30~100)mm,准确度等级为 1 级、2 级的平面平晶和 Ⅰ、Ⅱ、Ⅲ、Ⅳ系列,平行度:MPE:(0.6~1.0)μm,平面度:MPE:0.1 μm 的平行平晶的检定工作。

☑合格　　　　□不合格

需要说明的内容:

由于主标准器溯源周期不连续,故按新建计量标准考核处理,并建议缩短计量标准考核证书的有效期为两年。

计量标准考评员签字:
年　　月　　日

考评单位或考评组意见:

同意考评员意见,可以开展相应项目的计量检定工作。

负责人签字:　　　　(公章)
年　　月　　日

组织考核的质量技术监督部门意见:

建议开展相应项目的检定工作。

负责人签字:　　　　(公章)
年　　月　　日

主持考核的质量技术监督部门审批意见:

该计量标准的证书有效期核准为两年。准予开展相应项目的检定工作。

审批人签字:　　　　(公章)
年　　月　　日

<h1 style="text-align:center">计量标准考评表</h1>

序号	考核规范条款号及评审内容			考评结果				考评记事
				符合	有缺陷	不符合	不适合	
1	4.1 计量标准器及配套设备	4.1.1 计量标准器及配套设备的配置	*△4.1.1.1 计量标准器及配套设备配置应当科学合理、完整齐全,并能满足开展检定或校准工作的需要	√				
2			*△4.1.1.2 计量标准器及主要配套设备的计量特性符合相应计量检定规程或技术规范的规定	√				
3		4.1.2 计量标准的溯源性	*△4.1.2 计量标准的溯源性符合要求,计量标准器及主要配套设备均有连续、有效的检定或校准证书		√			立式光学计(配套设备)缺少有效期内的溯源证书,主标准器(平面平晶)缺少上个周期的检定证书(没有送检)
4	4.2 计量标准的主要计量特性		△4.2.1 测量范围表述正确	√				
5			△4.2.2 不确定度或准确度等级或最大允许误差表述正确	√				
6			△○4.2.3 计量标准的重复性符合要求	√				
7			*△○4.2.4 计量标准的稳定性合格	√				
8			△4.2.5 计量标准的其他计量特性符合要求	√				
9	4.3 环境条件及设施		*4.3.1 温度、湿度、照明、供电等环境条件符合要求	√				
10			4.3.2 配置必要的设施和监控设备,并对温度和湿度等进行监测和记录	√				
11			4.3.3 互不相容的区域应进行有效隔离,防止相互影响	√				
12	4.4 人员		4.4.1 有能够履行职责的计量标准负责人	√				
13			*△4.4.2 每个项目有至少两名持证的检定或校准人员	√				
14	4.5 文件集	4.5.1	4.5.1 文件集的管理符合要求		√			计量标准文件集未按类别进行整理
15		4.5.2	*4.5.2 有有效的计量检定规程或技术规范	√				
16		4.5.3 计量标准技术报告	△4.5.3.1 建立计量标准的目的、计量标准的工作原理及其组成表述清晰	√				
17			△4.5.3.2 计量标准器及主要配套设备填写满足要求		√			计量标准器测量范围填写不正确

序号	考核规范条款号及评审内容			考评结果				考评记事
				符合	有缺陷	不符合	不适合	
18	4.5 文件集	4.5.3 计量标准技术报告	△4.5.3.3 计量标准的主要技术指标及环境条件填写准确	√				
19			△4.5.3.4 计量标准的量值溯源和传递框图正确	√				
20			*△○4.5.3.5 检定或校准结果的测量不确定度评定合理	√				
21			△4.5.3.6 检定或校准结果验证方法正确,验证结果符合要求	√				
22		4.5.4 检定或校准原始记录	△4.5.4.1 原始记录格式规范、信息量齐全,填写、更改、签名及保存等符合相应规定	√				
23			△4.5.4.2 原始数据真实,数据处理正确	√				
24		4.5.5 检定或校准证书	△4.5.5.1 证书的格式、签名、印章及副本保存等符合要求	√				
25			△4.5.5.2 检定或校准证书结论正确,内容符合要求	√				
26		4.5.6 管理制度	4.5.6 制订并执行相关管理制度	√				
27	4.6 测量能力的确认	4.6.1 现场试验	*4.6.1.1 检定或校准方法正确,操作过程规范	√				$\|y-y_0\| \leqslant \sqrt{U^2+U_0^2}$ $\|0.021-0.0213\|<$ 0.016
28			*4.6.1.2 检定或校准结果正确	√				
29			4.6.1.3 回答问题正确 提问摘要: (1)平行平晶中心长度尺寸如何检定?使用的标准器和测量设备是什么? (2)如何用多面互检法检定平晶工作面的平面度?	√				回答情况: (1)用六等或3级量块在立式光学计上检定,也可用测长仪直接检定。叙述操作过程基本正确。 (2)$A_i=\dfrac{T_{abi}/T_{aci}-T_{bci}}{2}$ $B_i=\dfrac{T_{abi}/T_{bci}-T_{aci}}{2}$ $C_i=\dfrac{T_{aci}/T_{bci}-T_{abi}}{2}$
30		4.6.2	△4.6.2 通过对技术资料的审查确认计量标准测量能力	√				证明文件: 盲样比对试验记录、重复性试验记录、稳定性考核记录、计量标准整改工作单

说明:考评内容共六方面30项,请在所选项目内打"√"。带*的有10项,带△的有20项,带○的有3项。
　　　*表示重点考评项目,△表示书面审查项目,○表示可以简化考评的项目。

计量标准整改工作单

计量标准名称		平面平晶标准装置	考评项目编号		001
申请考核单位		×××××××××××	评审时间		×××年××月××日
序号	对应的考核规范条款号	整改要求		重点项	非重点项
1	4.1.2	主标准器(平面平晶)缺少上个周期的检定证书,主要配套设备(立式光学计)缺少有效期内的溯源证书,应对立式光学计(配套设备)和主标准器(平面平晶)进行有效溯源,并对以往的检定结果进行追溯		√	
2	4.5.1	现场考核时发现计量标准文件集资料凌乱,未按文件集的要求进行分类整理,应按 JJF 1033—2008 的要求整理			√
3	4.5.3.2	计量标准技术报告中标准器及主要配套设备的某些测量范围填写不完善,应对照具体设备填写,并与《计量标准考核(复查)申请书》中相应项目保持一致			√
整改期限		整改期限 15 天,即在×××年××月××日前应当完成整改工作,并将整改情况报告考评员确认,过期即按考评不合格处理			
考评员签字		×××	申请考核单位人员签收		×××
整改结果		在规定的整改期限内,对立式光学计(配套设备)和主标准器(平面平晶)进行了有效溯源,并对以往的检定结果进行了追溯;重新分类整理了计量标准文件集,规范和完善了计量标准技术报告中计量标准器及主要配套设备测量范围的填写,整改符合要求,可以开展测量范围为 D(30~100)mm,准确度等级为 1 级、2 级的平面平晶和 Ⅰ、Ⅱ、Ⅲ、Ⅳ 系列,平行度:MPE:(0.6~1.0)μm、平面度:MPE:0.1 μm 的平行平晶的检定工作。 申请考核单位(公章) 年　　月　　日			
考评员确认签字				年　　月　　日	

注:《计量标准整改工作单》先由考评员填写,申请考核单位签收。申请考核单位完成整改后,填写整改结果,再由考评员确认后签字。

实例 3 检定测微量具标准器组

计量标准考核报告

[ ] 量标 证字第 号

考评项目编号 _____ 01315400 _____

计量标准名称 _____ 检定测微量具标准器组 _____

申请考核单位 _____ ××××××××× _____

考评员姓名 _____ ×××、××× _____

联 系 电 话 _____ ××××××××× _____

考 评 单 位 _____ ××××××××× _____

考 评 方 式 ☑书面审查 ☑现场考评

考 评 日 期 ××××年××月××日

计量标准名称	检定测微量具标准器组	计量标准考核证书号	［　　］　　量标　证字第　　号	
存放地点	××××	计量标准总价值（万元）	5	
计量标准类别	☑ 社会公用 □ 计量授权	□ 部门最高 □ 计量授权	□ 企事业最高 □ 计量授权	
前两次复查时间和方式	××××年××月××日	☑ 书面审查 ☑ 现场考评	××××年××月××日　☑ 书面审查 ☑ 现场考评	
测量范围	（5.12～500）mm			
不确定度或准确度等级或最大允许误差	三等、四等			

	名称	型号	测量范围（mm）	不确定度或准确度等级或最大允许误差	制造厂及出厂编号	检定周期或复校间隔	末次检定或校准日期	检定或校准机构及证书号
计量标准器	量块	20 块组	（5.12～100）mm	三等	×× ××	1 年	××	×× ××
	量块	20 块组	（5.12～100）mm	四等	×× ××	1 年	××	×× ××
	量块	8 块组	（125～500）mm	三等	×× ××	1 年	××	×× ××
	量块	大 8 块组	（125～500）mm	四等	×× ××	1 年	××	×× ××
主要配套设备	立式光学计	××	（0～180）mm	MPE：±0.25 μm	×× ××	1 年	××	×× ××
	接触式干涉仪	JDS-1	（0～150）mm	MPE：±（0.03+1.5$ni\Delta\lambda/\lambda$）μm	×× ××	1 年	××	×× ××
	测长机	××	（0～1 000）mm	MPE：±0.25 μm	×× ××	1 年	××	×× ××
	表面粗糙度比较样块	32 块组	Ra（0.012～6.3）μm	MPE：（-17～+12）%	×× ××	1 年	××	×× ××
	塞尺	100B	（0.02～1.00）mm	MPE：±（0.005～0.016）mm	×× ××	半年	××	×× ××
	平行平晶	I 系列	（0～25）mm	两工作面的平行度：MPE：≤0.6 μm	×× ××	1 年	××	×× ××
	平行平晶	II 系列	（25～50）mm	两工作面的平行度：MPE：≤0.6 μm	×× ××	1 年	××	×× ××
	平行平晶	III 系列	（50～75）mm	两工作面的平行度：MPE：≤0.8 μm	×× ××	1 年	××	×× ××
	平行平晶	IV 系列	（75～100）mm	两工作面的平行度：MPE：≤1.0 μm	×× ××	1 年	××	×× ××
	平面平晶	D60 mm	（0～60）mm	1 级	×× ××	1 年	××	×× ××
	测力计	××	（0～15）N	MPE：±0.5%	×× ××	1 年	××	×× ××
	杠杆千分表	0.2 mm	（0～0.2）mm	1 级	×× ××	1 年	××	×× ××
	工具显微镜	××	200 mm×100 mm	MPE：（1+L/100）μm	×× ××	1 年	××	×× ××
	刀口尺	300 mm	（0～300）mm	MPE$_s$：3.0 μm	×× ××	1 年	××	×× ××
	平板	1000 mm×750 mm	1000 mm×750 mm	0 级	×× ××	1 年	××	×× ××

	名称	测量范围	不确定度或准确度 等级或最大允许误差	所依据的计量检定规程或 技术规范的代号及名称
可 开 展 的 检 定 或 校 准 项 目	外径千分尺	$(0 \sim 500)\,mm$	MPE：$\pm\,(4 \sim 13)\,\mu m$	JJG 21—2008 千分尺检定规程
	数显千分尺	$(0 \sim 500)\,mm$	MPE：$\pm\,(2 \sim 7)\,\mu m$	JJG 21—2008 千分尺检定规程
	板厚千分尺	$(0 \sim 25)\,mm$	MPE：$\pm\,8\,\mu m$	JJG 21—2008 千分尺检定规程
	壁厚千分尺	$(0 \sim 25)\,mm$	MPE：$\pm\,8\,\mu m$	JJG 21—2008 千分尺检定规程
	内径千分尺	$(50 \sim 1000)\,mm$	MPE：$\pm\,(0.006 \sim 0.022)\,mm$	JJG 22—2003 内径千分尺检定规程

考评结论及意见：

  经对考核材料的书面审查，《计量标准考核（复查）申请书》中所给的计量标准器及配套设备满足 JJG 21—2008 千分尺等检定规程的要求，科学合理，完整齐全，可满足开展检定外径千分尺等测微量具工作的需要；计量标准器及主要配套设备均有效溯源，且溯源证书在有效期内；计量标准技术报告符合要求。

  经现场考核，环境条件满足检定规程要求；有两名持证人员，且能按规程完成全部操作；该计量标准技术资料完整，填写基本正确；开展检定项目的检定证书、记录，格式符合要求、信息量齐全，文件集符合要求；现场盲样检定满足 $|y - y_0| \leqslant \sqrt{U^2 + U_0^2}$，测量能力合格。

  可以开展测量范围为 $(0 \sim 500)\,mm$ 的外径千分尺、数显千分尺，测量范围为 $(0 \sim 25)\,mm$ 的壁厚、板厚千分尺和测量范围为 $(50 \sim 1000)\,mm$ 的内径千分尺的检定工作。

☒ 合格　　　　　　□需要整改　　　　　　□不合格

（如果有整改要求，见计量标准整改工作单）

计量标准考评员签字：×××、×××

×××年××月××日

考评员姓名	工作单位	考评员级别	考评员证号	核准考评项目	联系方式 （电话、E - mail）
×××	×××	一级	×××	万能量具	×××
×××	×××	一级	×××	万能量具	×××

整改的验收及考评结论：

□合格　　　　　　□不合格

需要说明的内容：

计量标准考评员签字：
年　　月　　日

考评单位或考评组意见：

同意考评员意见。

负责人签字：　　　　（公章）
年　　月　　日

组织考核的质量技术监督部门意见：

建议开展相应项目的检定工作。

负责人签字：　　　　（公章）
年　　月　　日

主持考核的质量技术监督部门审批意见：

同意考评意见。该标准检定对象受限,可以开展测量范围为(0~500)mm的外径千分尺、数显千分尺,测量范围为(0~25)mm的壁厚、板厚千分尺和测量范围为(50~1000)mm的内径千分尺的检定工作。

审批人签字：　　　　（公章）
年　　月　　日

计量标准考评表

序号	考核规范条款号及评审内容			考评结果				考评记事
				符合	有缺陷	不符合	不适合	
1	4.1 计量标准器及配套设备	4.1.1 计量标准器及配套设备的配置	* △4.1.1.1 计量标准器及配套设备配置应当科学合理、完整齐全,并能满足开展检定或校准工作的需要	√				
2			* △4.1.1.2 计量标准器及主要配套设备的计量特性符合相应计量检定规程或技术规范的规定	√				
3		4.1.2 计量标准的溯源性	* △4.1.2 计量标准的溯源性符合要求,计量标准器及主要配套设备均有连续、有效的检定或校准证书	√				
4	4.2 计量标准的主要计量特性		△4.2.1 测量范围表述正确	√				
5			△4.2.2 不确定度或准确度等级或最大允许误差表述正确	√				
6			△○4.2.3 计量标准的重复性符合要求	√				
7			* △○4.2.4 计量标准的稳定性合格	√				
8			△4.2.5 计量标准的其他计量特性符合要求	√				
9	4.3 环境条件及设施		* 4.3.1 温度、湿度、照明、供电等环境条件符合要求	√				
10			4.3.2 配置必要的设施和监控设备,并对温度和湿度等进行监测和记录	√				
11			4.3.3 互不相容的区域应进行有效隔离,防止相互影响	√				
12	4.4 人员		4.4.1 有能够履行职责的计量标准负责人	√				
13			* △4.4.2 每个项目有至少两名持证的检定或校准人员	√				
14	4.5 文件集	4.5.1	4.5.1 文件集的管理符合要求	√				
15		4.5.2	*4.5.2 有有效的计量检定规程或技术规范	√				

续表

序号			考核规范条款号及评审内容	考评结果				考评记事
				符合	有缺陷	不符合	不适合	
16	4.5 文件集	4.5.3 计量标准技术报告	△4.5.3.1 建立计量标准的目的、计量标准的工作原理及其组成表述清晰	√				
17			△4.5.3.2 计量标准器及主要配套设备填写满足要求	√				
18			△4.5.3.3 计量标准的主要技术指标及环境条件填写准确	√				
19			△4.5.3.4 计量标准的量值溯源和传递框图正确	√				
20			＊△○4.5.3.5 检定或校准结果的测量不确定度评定合理	√				
21			△4.5.3.6 检定或校准结果验证方法正确,验证结果符合要求	√				
22		4.5.4 检定或校准原始记录	△4.5.4.1 原始记录格式规范、信息量齐全,填写、更改、签名及保存等符合相应规定	√				
23			△4.5.4.2 原始数据真实,数据处理正确	√				
24		4.5.5 检定或校准证书	△4.5.5.1 证书的格式、签名、印章及副本保存等符合要求	√				
25			△4.5.5.2 检定或校准证书结论正确,内容符合要求	√				
26		4.5.6 管理制度	4.5.6 制订并执行相关管理制度	√				
27	4.6 测量能力的确认	4.6.1 现场试验	＊4.6.1.1 检定或校准方法正确,操作过程规范	√				采用3人比对方式对外径千分尺进行了现场考核,根据 $\|\bar{y}-y_0\| \leqslant \sqrt{2}\,U$ 计算, $\|3-2\|\leqslant\sqrt{2}\times0.9=1.3\ \mu m$
28			＊4.6.1.2 检定或校准结果正确	√				
29			4.6.1.3 回答问题正确 提问摘要:检定0～100 mm 的外径千分尺、校对用量棒: (1)室内温度要求?湿度要求? (2)检定校对用量棒的标准量块为几等?	√				回答情况: (1)千分尺温度(20±5)℃、量棒(20±3)℃,70% RH。 (2)用四等量块
30		4.6.2	△4.6.2 通过对技术资料的审查确认计量标准测量能力	√				证明文件: 稳定性考核记录、现场试验原始记录和检定证书

说明:考评内容共六方面30项,请在所选项目内打"√"。带＊的有10项,带△的有20项,带○的有3项。

＊表示重点考评项目,△表示书面审查项目,○表示可以简化考评的项目。

参 考 文 献

［1］国家质量技术监督局计量司.通用计量术语及定义解释［M］.北京:中国计量出版社,2001.

［2］中国计量测试协会.二级注册计量师基础知识及专业实务［M］.2版.北京:中国计量出版社,2011.

［3］中国计量测试协会.一级注册计量师基础知识及专业实务［M］.2版.北京:中国计量出版社,2011.

［4］国家质量监督检验检疫总局.JJF 1002—2010　国家计量检定规程编写规则［S］.北京:中国计量出版社,2010.

［5］国家质量监督检验检疫总局.JJF 1071—2010　国家计量校准规范编写规则［S］.北京:中国计量出版社,2011.

［6］国家质量监督检验检疫总局.JJF 1033—2008　计量标准考核规范［S］.北京:中国计量出版社,2008.

［7］《计量标准考核规范》起草工作组　倪育才,丁跃清,邓芸珊,等.《计量标准考核规范》附录C的简要说明［J］.中国计量,2009(1).

［8］《计量标准考核规范》起草工作组　倪育才,丁跃清,邓芸珊,等.关于计量标准的稳定性的有关说明［J］.中国计量,2009(3).

［9］《计量标准考核规范》起草工作组　倪育才,丁跃清,邓芸珊,等.关于计量标准的重复性的有关说明［J］.中国计量,2009(2).

［10］国家质量技术监督局.GB/T 4091—2001　常规控制图［S］.北京:中国标准出版社,2001.

［11］杨在富,吴新文,叶德培.测量过程统计控制［J］.计量技术,2011(11).